마음이
단단해지는
살림

마음이
단단해지는
살림

사색 하고, 비우고, 기록하는
미니멀 라이프 이야기

강효진(보통엄마jin) 지음

비타북스

집안을 단정히 하고,
두 아이를 키우고,
남편과 시간을 보내는 것.

어느 하나 소홀할 수 없기에
순간순간 제일 중요한 것이
무엇인지 생각한다.

주어진 상황에서
만족감을 채워갈 수 있도록.

목차

3장. 원하는 삶으로 채우는 비움

4장. 가뿐한 청소와 제로웨이스트

나의 방황에서
당신의 여정이 시작되기를

'계속 이렇게 지낼 수는 없지 않을까…'

한숨 섞인 혼잣말을 했다. 두 아이를 어린이집과 유치원에 보내고 돌아와 여느 날처럼 식탁 밑 알알이 흩어진 밥알을 쓸어 담았다. 끝없이 반복되는 집안일과 육아에 지친 한숨만은 아니었다. 무언지 모를 중요한 것을 잊고 사는 것만 같은 못마땅한 내 모습에 대한 한숨이 절반이리라.

소파에 눕다시피 아무렇게나 걸터앉았다. 축 늘어진 어깨. 어깨만큼 내려간 입꼬리. 평소와 같은 상황이지만 그날은 마음이 달랐다. 이대로는 안 될 것 같은 벗어나야 할 것 같은 기분. 불과 몇 개월 전까지만 해도 둘째 아이를 어린이집에 보내고 내게 주어진 자유 시간을 계획 없이 흘려보내는 것도 하나의 계획이었는데. 지금 내 마음은 무얼 바라는 걸까.

워 킹 맘 에 서   전 업 주 부 로

3년 전 나는 12시간을 일하며 힘겨운 워킹맘 생활을 했다. 당시 첫째 아이의 나이는 한참 엄마의 손길이 필요한 3살. 등 하원 이모님을 써가며 난 일을 했다. 그마저도 회사와 조금이라도 가까운 지역으로 이사를 해서 가능했던 일이다. 덕분에 남편은 왕복 100킬로미터가 넘는 거리를 매일 출퇴근해야 했지만. 그래도 남편과 나는 우리 삶의 중요한 가치에 대해 많은 대화를 나누며, 몸은 피곤했지만 마음으로 채워지는 보람을 느끼며 그런대로 잘 지냈다. 그때가 그래도 아이와 함께 여행을 가장 많이 했던 여유로웠던 날들이었으니까.

서로의 일에도 참 열심히였다. 육아 휴직 동안 모유 수유하며 밤새워 논문을 쓰고 공부했던 것이 복직 후 도움이 되었다. 직장 생활 9년 차에 내가 더 잘할 수 있는 직무를 맡게 되어 일에 대한 욕심도 한참이던 때였다. 그러나 커리어를 쌓으며 행복한 가정을 일구고 싶었던 마음은 욕심이었을까. 건강 체질인 것만 같았던 내가, 전혀 우리 부부의 일이 될 거라고는 상상하지 않았던 유산을 겪으며 처음으로 우린 많이 혼란스러웠다. 엎친 데 덮친 격으로 남편 회사 근처로 장거리 이사를 해야 하는 감당할 수 없는 일들에 치여 점점 녹초가 되어 갔다.

결국 난 조금 남겨두었던 육아 휴직을 또 하게 되었고 휴직이 끝날 무렵 어렵게 퇴직을 결정했다. 정년까지 열심히 일하자고 우스갯소리로 말해왔던 우리의 대화는 한동안 이어갈 수 없겠지. 퇴직의 서운함도 잠시, 쉼 없이 달려온 지난 시간을 되돌아볼 여유도 없이 계획보다 이르게 우리에게 둘째 아이가 찾아왔다. 힘들었던 입덧과 출산을 거쳐 신생아 육아도 유독 힘에 부쳤다. 남편은 그때 회사 일이 유난히 바빴기에 출산 한 달 후부터 두 아이의 육아와 가사는 오롯이 나의 몫이 되었다. 그래서 그때 난 참 많이 아팠다. 갑상선염, 임파선염, 질염, 온몸이 가려운 증상으로 밤새 울며 긁다가 병원에 간 날도 있었다. 내 평생 이렇게 아팠던 날이 또 있을까. 처음이었고 고통은 한 번에 몰아왔다. 휴식이 너무 간절했다.

　"시완이(둘째 아이)를 어린이집에 일찍 보내자."

그 당시 회사 일로 바쁜 남편이 나에게 해줄 수 있는 최선의 말이었으리라. 홀로 육아를 하는 시간이 길어질수록 내 고충을 듣는 남편의 마음도 같이 괴로웠을 것이므로. 그래서 우리는 둘째 아이가 16개월일 무렵 남들보다 일찍 어린이집에 보냈다. 이제 그토록 애타게 원하던 휴식 시간이 생겼다.

그런데 어찌 된 일일까. 여유 있고 보람되게 보낼 것만 같았던 내 생각과 다르게 시간은 흐지부지 잘도 흘러갔다. 흘려보냈다는 게 더 맞는 말일까. 흐르게 두었다? 아니지. 어쩌면 '무계획'이 나의 계획이었던 건지도 모르잖아. 한두 달은 정말 자유롭게 보내고 싶었으니까. 두 아이와 전쟁 같은 아침 등원 시간을 보내고 나면 보상이라도 받듯 소파에 기대어 쉬기 바빴다. 그리고 무심결에 집어 든 리모컨은 내 옆을 오래 지켰다. 굳이 무언가 하지 않아도 시간은 잘 흘러갔고 아이들 하원 1시간 전부터 집중력을 발휘하며 청소를 하는 요령도 생겼다.

그래도 모든 날이 그랬던 건 아니다. 혼자 있는 시간 빼곡히 집안일을 하는 날도 많았다. 이렇게 게으르기도 부지런하기도 한 날들이 반복되며 내 일상에 이상한 균형이 생겼다. 하루는 온종일 게을렀으니 다른 하루는 부단히 움직여야 하는 희한한 균형. 그러니 당연히 집안의 상황도 들쑥날쑥하였다. 깨끗한 날과 아닌 날. 집에서 쉬는 내 마음도 업 앤 다운. 임신과 출산, 워킹맘 생활을 하며 살림다운 살림을 해본 기억이 없으니 그저 내 휴식을 챙기기 바빴다.

그러던 어느 날 문득 불안감이 밀려왔다. 이상한 균형 속에서 지낸 지 넉 달쯤 될 무렵이었을까. 평소처럼 아이들의 흔적을 치우던 날. 소파에서 몸을 일으켜 천천히 거울 앞으로 걸어갔다. 변화가 필요한 듯, 반성하러 가는 듯 무거운 발걸음으로. 거울에는 회사를 그만둔 지 3년이 되어가는 한 여자가 서 있었다. 난 어떤 사람인가. 회사의 이름표를 떼고 나니 나를 소개할 별다른 수식어가 떠오르지 않았다. 일을 제외한 모든 것에 만년 초보인 한 사람만이 우뚝 서 있었다.

생기 없는 푸석한 얼굴. 그래도 나… 애썼는걸. 나 자신을 설명할 단어는 쉬이 떠오르지 않아도 두 아이와 함께 한 날들에 대한 이야기는 한가득인 걸. 그래 내가 아이들을 키우는 일에 최선을 다하고 있다는 걸 알아. 조금 힘들었을지 몰라도 좋았던 날도 참 많았잖아.

'그런데 나를 위해서는 무얼 하며 지내온 걸까.
이제 나를 위해서도 살고 싶다.'

변화가 필요하다는 건 어렴풋이 느끼고 있었는데, 시간 내어 내 생각을 마주하지 않으니 생각은 쉬이 잡히지 않았다. 늘 머릿속에 두리뭉실하게 떠다니다 어느새 사라져 버렸다. 이제 하나씩 마주하며 해결점을 찾아보고 싶었다.

미 니 멀 라 이 프 가 내 안 으 로

내가 원하는 나의 모습, 내가 바라는 상황은 무엇일까. 내가 벗어나고자 하는 상황이 무엇인지 생각해보는 게 더 빠를까. 하루하루가 버겁게 느껴졌던 이유는 나의 일상이 목적 없이 분주하기만 했기 때문은 아닐까.

지난 10년간 회사에 다니며 하루하루 작은 성과들을 내며 살던 내가, 퇴직 후 출산과 육아로 정신없는 나날 속에서 흘러가는 대로 살다 보니 결국 마음에 탈이 난 걸까. 아이들과 눈코 뜰 새 없이 바쁜 시간 속에서도 나만의 작은 계획과 성취가 있었다면 어땠을까. 쓸모없는 일을 거를 줄 알고 중요한 일에 조금 더 시간을 들일 수 있었다면 달랐을까. 목적 있는 삶은 내가 어디에 서 있든 내 중심을 지켜줄 중요한 것이었다. 잠시 잊고 있었다면 이제 다시 바라보는 거야.

어떤 비약적인 발전을 꿈꾸는 건 아니었다. 내가 가장 많이 머무는 공간, 가정 안에서 내 손길이 닿는 부분에서부터 조금 더 지혜롭고 현명해지고 싶다. 스스로 만든 살림의 만년 초보 딱지를 떼고 싶은 마음. 아니다. 우선은 정신없는 집안이, 내 마음이, 하루가 정리되었으면 좋겠다. 그런데 무얼 어디서부터 시작해야 할지 막막했다. 분명 단순히 청소와 정리를 잘하고 싶은 건 아닌데. 어제와 오늘이 확연히 다른 이상한 균형이 아닌, 단단하게 뿌리내린 하루를 시작하고 싶은 마음.

나는 단순하고도 목적이 있는 삶을 원했다. 미니멀 라이프. 삶에서 불필요한 것을 덜어내고 가치 있는 것에 집중하는 삶. 나와 우리 가족에게 더 의미 있는 것에 집중하는 삶을 원했다.

나의 미니멀 라이프는 물건을 줄이고 비우는 것뿐만 아니라 삶의 방식, 태도에 관한 이야기에 가깝다. 물건으로 어질러진 집이 단정해지는 만큼 오롯이 나로서도 바로 서길 바랐다. 그래서 물질적인 것의 비움만큼 불필요한 마음을 덜어내는 것에 시간과 정성을 들였다. 단단한 삶을 이뤄나가는 과정과 생활 태도에 마음을 많이 기울였다. 이 과정이 지나니 단정해진 집안과 좋은 습관이 생겼고 하루하루가 더욱 의미 있어졌다.

그토록 벗어나고 싶던 일상에서 지키고 싶은 일상을 만나기까지 단숨에 이루어진 것은 없다. 하지만 나를 비워 나감에 따라 주어지는 그다음의 흐름을 성실히 걷는다면 누구나 원하는 길을 걷게 되리라 확신한다.

이렇게 나의 미니멀 라이프 여정이 시작되었다.

part.1

나를

살피는

일상의 여백

나를 알아가는 여정은
내게 가장 필요한 것들을
발견하는 과정이기도 하다.

비움.
나를 알아가는 여정

물건, 공간, 경험…. 우리 가족에게 필요한 것과 더 중요한 것을 생각하다 보면 자연스레 시선이 '나'에게도 머물게 된다. 나의 공간, 나의 경험, 내게 꼭 필요한 것은 무엇인지. 내가 제일 좋아하는 것은? 나는 무얼 가장 하고 싶은지. 노트 위에 끄적이는 손이 자꾸 멈춘다. 골똘히 연필심 끝만 쳐다보기도 한다. 아이들과 남편이 좋아하는 것을 생각해내는 편이 훨씬 쉬운 것 같다. 내가 나를 이리 모르고 살았나.

물음과 답이 오가는 사이, 희미하게 '내'가 보이기 시작한다. 두 아이의 엄마이며 아내이기 이전에 오롯이 '나'라는 존재가 점차 소중해진다. 사실 어느 한순간도 내가 중요하지 않은 사람이라 여긴 적 없다. 내가 나를 사랑하지 않는다 생각하지 않았고. 그저 자연스레 가정에 관심을 두고 우선순위에서 잠시 밀려난 것일 뿐. 나도 나를 챙길 것이었다. 언젠가는.

'언젠가는 내 순번이 오겠지.
기회가 되면 나도 챙길 거야.'

그런데 우선순위를 헤아릴 리스트에 '나'를 적어두지 않으니 내 순번은 좀처럼 오지 않았다. 간절히 바라지 않는 기회는 내게 거저 오지 않았다. 그저 나는 하루를 살아낼 뿐이었다.

엄마의 손을 많이 필요로 하는 영유아 자녀가 있는 경우에는 자신을 돌아볼 여력이 없기도 하다. 가족을 잘 보살피는 것에서 오는 성취와 보람으로 내가 잠시 2순위가 되어도 괜찮다, 당연하다 여기며 지내기도 하고.

그런 사람이 나였다. 나도 내가 중요하고 커리어가 중요했던 날이 있었는데 가족이 생긴 후 달라져 갔다. 달라질 수밖에 없었다. 9개월 동안 아기를 품고 낳아 나의 가장 가까운 곁을 내어준 순간부터. 나 자신보다 더 관심과 사랑을 쏟을 작은 사람이 생긴 후부터. 그리고 14개월, 20개월간 모유 수유를 하며 두 아이가 내 곁에 오래 머물렀기에 더 그런 것도 있고. 소중한 사람들로 인해 나의 시간과 행동반경에 제약이 생기는 일들을 당연하게 받아들였다. '지금의 내 할 일이야. 이 상황은 영원하지 않을 거잖아' 나는 힘이 들면서도 나의 삶을 주장하지 않는, 스스로 변화를 갈망하지 않던 사람이었다.

이런 내가 조금씩 변화를 바라기 시작한 건 둘째 아이가 어느 정도 커서 나를 돌아볼 틈이 생겼기 때문일 거다. 새벽녘마다 깨어 우는 아이를 달래고 비몽사몽 하루를 보내는 육아의 한가운데에서는 나를 생각해볼 겨를이 없었으니까. 결혼 전 오직 나로 존재했던 때와 다른 지금, 이제 막 한 발짝을 떼어 아장아장 걷는 아이를 키우는 전업맘이 되면서 나를 잃어가는 시간 속에 그토록 원한 건 '나'였다.

그런 내가 비움을 통해 나에게 가장 중요한 것과 필요한 것을 매일 생각하게 됐다. 소중히 남겨진 물건을 사용할 나, 애정 담은 공간을 누릴 나, 평온한 경험을 해나갈 나…. 나를 자꾸 생각하게 되니 나의 소중함을 점점 깨닫게 되었다. 남편과 아이만 바라보던 시선이 내게로 옮겨지는 순간이 참 좋고 두근거렸다. 이 기분을 환영하고 싶은 마음. 내가 나에게 들인 시간으로 인해 내가 그토록 소중해졌다.

하루는 내가 하고 싶은 것을 노트에 적어본다는 것이 독서, 영어 공부, 운동이었다. 매년 등장했던 것도 매번 잘 지켜지지 않았다는 것도 이미 난 알고 있다. 사실 정말 내가 원하는 것인지도 잘 모르겠다. 간절한 이유를 대자면 없는 것 같은데. 어쩌면 내 속에 있는 진짜 나의 마음을 들여다보는 일에 익숙하지 않아서는 아닐까. 괜찮다. 꼭 오늘 다 적어야 하는 건 아니니까. 오늘 생각 못 했던 걸 며칠 후 발견할 수 있고, 그 생각들에 살이 붙을 거니까. 그 과정에서 미처 몰랐던 나의 간절함이 발견되기도 한다. 한 달 뒤, 일 년 뒤에는 내가 원하던 것을 찾아 실현하고 있을지도 모른다.

비우고 채우는 과정에서 자연스레 단련된 사색은 나를 알아가고 발견하는 시간이었다. 내가 가장 크게 감사하는 부분이다. 나는 단순히 물건을 잘 비우기 위해서, 적은 물건을 소유하기 위해서 미니멀 라이프를 시작한 것이 아니다. 불필요한 물건, 불편한 공간, 불필요한 경험, 낭비되는 시간에서 나를 해방시키고 싶어서였다. 미니멀 라이프는 오로지 나 자신을 위한 거였다. 나의 삶에서 어느 부분에 힘주어 시간을 보내고 싶은지 알게 됐을 때, 비로소 그 시간을 더 의미 있게 보낼 수 있으니까.

나를 잃고 나서야
나의 마음을 읽을 수 있었다.
그리고 지금의 더 값진 나를 얻었다.
한 번쯤 나를 잃어보는 건
꽤 괜찮은 경험이다.

새벽,
나를 위해 비워둔 시간

나의 새벽은 언제부터 시작되었나. 출근 전 새벽기도를 다녔을 때부터였을까? 아니면 1시간 거리의 직장을 가기 위해 새벽에 일어나야 했던 그때부터였을까. 확실한 건 나만의 시간을 갖기 위해 애써 일어나려고 하는 지금과 그때는 아주 다르다는 것이다. 지금 나의 새벽은 어느 때보다 소중하다. 아마도 코로나가 장기화되면서 나만의 시간이 송두리째 사라진 그즈음부터였을 거다. 공부할 시간이 부족했던 학창 시절에도, 아침형 인간이 유행했던 때도 이렇게나 내게 새벽이 간절하지 않았는데.

새벽은 두 아이의 보육으로 하루가 꽉 채워지는 날에 휴식의 도피처가 되기도 하고, 밤이 늦도록 남편과 대화를 나누거나, 자다 깨서 엄마를 찾는 아이들에게 내어주기도 하는 시간. 온전히 내 시간 같으면서도 가족과 공유하게 되는 그런 시간. 손에 잡힐 듯 말 듯한 시간이라 더 원하게 되었던 건지도 모른다. 그만큼 30대 후반에 서 있는 내게 새벽은 특별했다.

생활 리듬은 다 다르니 새벽이 누구에게나 좋은 시간이란 법은 없다. 그러나 내게 새벽은 의미 있는 시간이었다. 엄마의 중요한 건강 검사 결과가 나오던 날 기도로 지새웠던 간절함의 시간, 취업을 앞두고 새벽기도를 했던 희망의 시간, 미니멀 라이프를 알게 되면서 잠을 줄이며 책을 읽던 설렘의 시간. 밤을 지새운 새벽이든 하루를 열어준 새벽이든 상관없이 내게 긍정적인 시간이었다.

나에게 새벽이란, 내가 찾은 '나에게 가장 좋은 시간' 여기에서 시작한다. 홀로 사색하기에 좋고, 일기 쓰기에 좋은 시간. 때늦은 꿈을 적어보기에도 멋쩍지 않고 한계를 짓지 않게 되는 솔직한 시간. 이런 시간이라면 꼭 새벽이 아니어도 괜찮지 않은가. 그러나 몇 날 며칠을 객관적으로 바라보고 시도해보았을 때 나에게 가장 좋은 시간은 새벽이었다.

새벽에 생산적인 일을 해야 할까

나의 새벽 기상 일과를 유튜브 채널에 소개했던 날 받았던 질문
하나가 있다.

"새벽에 일어나는 건 어렵지 않은데 무얼 해야 할지 모르겠어
요. 애써 일어났으니 도움이 되는 일을 해야 할 것 같은데….'

처음에는 나도 생산적인 일을 해야만 새벽 기상이 의미 있다고
여겼다. 해야 할 to do list가 빼곡히 적힌 다이어리를 바라보며
가장 우선순위의 일들을 새벽 시간으로 옮겨 적었으니 말이다.
그런데 '해야 할 일'보다 잘 지낼 '나'에 목적을 두면 새벽이 좀
달리 보인다. 전업주부로서 새벽 시간이 뭐 그리 의미 있겠나
싶지만, 단지 주부로서도 어제보다 나은 '나'를 위해서라면 하
고 싶은 일들이 하나라도 생기게 마련이다.

가령 요리를 조금 더 잘하고 싶다던가, 아이들이 문화적인 경험
을 더 다양하게 할 수 있도록 계획을 세워본다던가, 가정 쓰레
기를 줄이는 방안에 대해 고민해 보는 등. 주부로서 엄마로서
생각해볼 법한 일들을 새벽에 하면 방해받지 않는 시간에서 몰
입이 잘되고 더 많은 긍정적인 질문과 답이 오가게 된다. 새벽

에 일어났다는 사실 자체만으로 어제보다 나은 오늘을 만들기 위한 나의 바람이 무의식적으로 함께 하기 때문이다. 하루를 더 가치 있게 보내고 싶은 마음을 먹는 순간 행동도 마음을 따르기 마련이다.

큰 꿈과 명확한 목표가 아니더라도 떠오르는 행복한 한 장면을 두고도 오늘 내가 하고 싶은 일들이 생기고, 지속적으로 새벽을 지키고 싶은 이유가 된다. 그래서 오늘도 난 소중한 새벽 시간에 책을 읽고 영어 원서를 읽는다. 기분이 좋다. 아이들을 키우느라, 서툰 살림을 매일 해나가느라, 배우자를 챙기느라 정신없으면서도 때론 공허한 날들 속에서 행복한 생각을 하는 시간들을 챙겨보면 어떨까.

어느 날 새벽, 나는 문득 빨간 니트를 입은 귀여운 할머니를 떠올렸다. 독서와 영어 공부를 좋아하는 작고 푸근한 할머니. 옆에는 노란 큰 쿠션이 놓여있는 안락한 흔들의자도 보인다. 원목 탁자 위에 알이 작은 금테 안경과 구수하게 우려진 차 한 잔이 놓여있다. 원목 가구에 햇살이 뒤섞여 눈부신 날. 그곳에 할머니가 서 있다. 나는 특별한 로망 없이 지내왔는데 유독 책을 좋아하는 귀여운 할머니가 되고 싶다는 생각을 종종 한다.

새 벽 사 용 법

그럼 하루의 시작은 어떻게 해야 잘하는 것일까. 정답이야 있겠
냐마는 나는 한동안 변화가 절실했던 터라 '내게 가장 중요한
일, 가장 하고 싶은 일, 꼭 해야 하는 일' 등 한참의 고민 끝에 적
어둔 우선순위 목록을 보며 이걸 하면 되겠노라고 생각했다. 그
저 가장 좋아하는 일로 하루를 시작하면 또 어떤가. 그게 무엇
이든 말이다. 좋아하는 향긋한 차를 가장 먼저 마신다면 어느
때보다 향이 조금 더 깊이 전달되리라. 한 모금 넘기는 작은 소
리에도 귀가 기울여지는 날도 있을 것이다. 작가 히로세 유코는
하루를 시작하는 아침, 자신에게 가장 먼저 찾아오는 첫 행복이
차 마시는 일이라 말한다.

> "비교적 여유가 있는 아침에는 맛있는 차를 느긋하게 마실 수
> 있어 행복하다고 생각합니다. 바쁠 때는 바쁜 대로 시간은 없지
> 만 차는 여전히 맛있다며 행복해합니다."

이렇듯 하루에 가장 처음 하는 일은 특별하지 않은 것도 특별하
게 느끼게 해준다. 좋아하는 음악을 듣는 일, 요가로 몸을 깨우
는 일, 그 어떤 것도 마찬가지.

나는 조금 싱겁게도 청소를 나의 첫 새벽 기상 루틴으로 시작했다. 그 당시 나는 내 이름 석 자를 두고 하고 싶은 것을 떠올리기 전에 엄마로서 주부로서의 부족함을 먼저 채우고 싶었다. 대단한 청소를 하기보다 그저 일어나면 가장 먼저 눈을 비비며 밤사이 내려앉은 먼지를 밀대로 슬쩍 밀어내었다. 사실 그뿐이었다. 5분도 채 걸리지 않는 시간. 그래도 내가 단정한 집을 위해 매일 처음, 작은 마음을 쓰는 5분은 하루를 괜찮은 엄마이자 주부로 시작하게 해줬다. 내가 나를 괜찮은 주부라 여기고 하루를 시작하는 것. 어쩌면 나도 눈치채지 못한 나의 작은 바람이 아니었을까. 스스로 나를 존중하고 인정하는 일. 새벽은 이래서 좋다. 나를 발견하고, 나를 알아간다. 내가 가장 원하는 것이 무엇인지 항상 생각하게 해준다.

서너 개월을 유지하며 습관이 잡혀갈 즈음 다른 우선순위가 청소의 자리를 대신한다. 교체된 우선순위는 영어 공부였고 그 후에는 독서가 되었다. 보통 분기별로 한 번씩 조금 더 원하고 바라는 것이 바뀌었다. 나의 새벽은 정답처럼 완벽히 시작하지 않았지만 상황 속에 충실하며, 더 나은 것들을 발견해가며, 천천히, 점진적으로 단단해져 갔다.

후드득 세차게 내리는 빗소리.
일찍부터 울어대는 새소리.
고요한 가운데 들리는 풀벌레 소리.
피부를 스치는 서늘한 바람.
코끝에 느껴지는 새벽 공기.

적막함부터 해가 떠오르는 밝음을 느끼기까지
어느 하나 안 좋을 게 없는 새벽.

내가 바라는 나를
가장 잘 알 수 있는 고요한 시간.
그런 나에게 다가가는 성장의 시간.

불안한 새벽이어도
괜찮다

나의 새벽이 매일 온전했을까. 전혀 아니다. 나의 새벽은 온전히 내 것은 아니었다. 첫째 아이는 엄마가 옆에 있어야 잠이 오는 아이. 둘째 아이도 마찬가지였지만, 자다가 자주 깨서 나를 찾으며 우는 게 내겐 더 큰 어려움이었다. 잠을 푹 잘 수가 없어 새벽에 일어나지 못하는 날이 허다했다.

> '내 시간을 갖는 건 욕심일까.
>
> 아직은 때가 아닐까.'

자신 없는 마음이 고개를 드는 날이면 알람 맞추기가 꺼려졌다. 5시. 고개를 푹 숙이고 잡히지 않는 그 시각을 한참 바라봤다. 그래서 나의 하루는, 나의 마음은, 괜찮았다가 안 괜찮았다가

했다. 그렇다고 새벽 기상을 못한 나의 하루가 못마땅한 건 아니다. 아이들과 함께 하는 일상이 늘 그렇지 않나. 내가 내려놓는 만큼 채워지는 게 있기 마련이니. 이럴 땐 채워지는 것에 마음을 집중하면 된다. 그간 썩 규칙적인 새벽은 아니었지만 주어진 상황에서 행복을 발견하는 것, 새벽이 내게 준 마음이다.

내가 새벽의 끈을 잡고 싶은 이유가 여기에 있다. 책 몇 페이지를 읽었다는 기쁨보다, 목표를 발견하는 설렘보다, 내 마음을 정확히 바라보고 알아가고 보듬어가는 시간들에서 받는 위로가 있기 때문이다. 그 위로는 육아에 지친 마음에 단비 같았고 더군다나 코로나 바이러스로 불안한 상황이었기에 더욱 필요했다.

그러던 어느 날. 남편의 3개월 해외 출장이 잡혔다. 이미 코로나가 장기화된 상황이어서 아주 절망적인 소식으로 받아들이진 않았다. 홀로 하는 육아란 내게 늘 있는 일이기도 했고. 걱정이 되었던 건 '또 일을 못 하겠구나' 하는 마음. 코로나 바이러스가 한창이던 작년에 일을 서너 개월 멈추었고 그 후에도 나의 일상은 두세 번 멈춰 섰다. 무기력감도 행복도 함께였던 그 상황을 가까스로 잘 지나왔지만 이번에는 그때와 같을 수는 없었다. 남편은 없고, 두 아이의 가정 보육을 해야 하고, 난 일을 언제나처럼 멈출 수는 없겠고. 그 당시 내게 가장 필요한 건 새벽만이라도 온전히 지키고 싶다는 마음뿐이었다. 다른 것들은 내 뜻대로 흘러가지 않는다 해도 아이들이 자고 있는 나의 새벽은 지킬 수 있지 않을까.

늘 마주하는 일이지만 늘 이 마음은 어렵다. 일을 선택해도 봤고 가정을 선택해도 봤지만 어느 하나 순조롭게 잘 진행되지 않았다. 일에 기울이면 가정이 어수선했고, 가정에 기울이면 일이 삐걱했다. 집에서 일하는 엄마의 고충이 이런 걸까. 마음의 중심을 잡는 게 쉽지 않고 강단 있게 어느 한쪽을 딱 정하는 것도 쉽지 않았다. 어느 하나 정하지 않고 둘 다 끌어안고 가는 건 더 어려운 길이었다. 성격 때문일까 상황 때문일까. 복잡하고 힘든 마음을 잡아주는 건 고요한 새벽의 나 자신 뿐이었다.

어떤 날은 성과를 바라게 되어 불안하기도 했다. 새벽이 온전치 못할 때는 이 시간에 깨어있다는 것만으로 감사했는데, 둘째 아이가 밤에 깨는 횟수가 줄고 새벽 기상이 일상이 되어가던 어느 날엔 이 시간으로부터 내가 어떤 결과를 내야 하는 것 아닐까라는 기대감이 마음에 불안을 만들었다. 이런 감정은 생각해보지 못했는데 또 다른 느낌들이 나의 새벽을 채우기도 했다. 어설픈 불안감을 지우는데도 또 새벽 시간만이 해결해줄 것이라는 믿음도 있었지만.

어떤 날은 소리 내어 원서를 읽을 때 비로소 마음에 활기가 돌기도 한다. 어제와 오늘이 이렇게나 다르다. 새벽의 맛이란 이런 게 아닐까. 나를 오롯이 느낄 수 있는 시간. 내 마음과 가장 가까운 시간. 잡념과 상념에 괴로운 날도 나와 깊이 만날 수 있는 좋은 시간이리라.

내가 나의 고민을 인지하는 순간 걱정은 반으로 덜어진다. 무의식적으로 해결 방향을 찾아 내 마음이 움직이기 때문에. 그럼 새벽에 하루의 짐을 반으로 덜고 시작하게 되는 것이지 않을까. 마음이 무거운 날에는 그리 생각하겠다. 그 짐, 반으로 덜고 하루를 시작하는 거라고. 그래서 마음이 어지러운 새벽도 기꺼이 좋아하고 싶다. 내일의 새벽은 또 다르다는 걸 알게 되었으니.

온전히 나의 시간으로 시작하는 하루가
이제 일상이 되었다.

이 시간에 나는
나와 가족이 잘 지내기 위한
방법을 찾고 시도하는
용기를 얻는다.

딱히 취미라고
할 만한 게 없는 삶

1년 전 누군가 내게 "인생의 터닝 포인트는 언제인가요?" 물었을 때 나는 이렇게 답했다. 첫 번째는 큰 창으로 들어오는 풍부한 빛으로 가득 찬 명동성당에서 남편과 결혼을 했을 때. 두 번째는 미니멀 라이프를 만났을 때라고. 지금 같은 질문을 받는다면 취미가 생긴 날을 세 번째로 말하고 싶다. 그렇다고 내 인생이 취미가 있는 날과 없는 날로 나뉘는 건 아니다. 취미라는 단어 자체가 나에게 감흥을 준 것이 아니라 취미를 시도한 그날의 용기로 삶에 대한 태도가 변화되어서 그렇다. 나는 미니멀 라이프를 통해, 사색하는 시간을 통해 스스로 질문하는 시간이 늘어났고 비로소 내가 진정으로 원하는 것들과 직면할 수 있었다. 취미도 그중 하나였다.

내 취미는 뭘까? 뭐였을까. 그간 취미 하나 없었다는 게 말이 될까 싶지만 내게 그렇다 할 취미는 없었다. 운동과 독서를 떠올려보면, 왜인지 취미라는 생각이 들지 않는다. 나에게 운동이란 마음의 활력을 주기 위한 신체활동이자 다이어트, 체력을 기르는 뚜렷한 목적을 위한 것이지 운동 자체가 좋아서 하고 싶은 마음이 생기는 건 아니었다. 물론 운동이 끝난 후의 개운함이야 이루 말할 수 없지만.

독서도 마찬가지. 부족하기에 채우려 노력하는 여러 가지 중 하나였다. 책을 너무하다시피 읽지 않고 살아와서 이제는 꼭 읽어야만 할 것 같은 마음에 책을 붙잡고 있었던 것에 가깝다. 그렇게 2년을 지내니 책을 좋아하게 됐지만.

어떤 것을 수집하고 싶다는 마음도 가져본 일이 없다. 고등학생 때 친구 집에 놀러 가면 친구 방은 디즈니 인형으로 가득했다. 친구는 디즈니 인형이 무척 좋다고 했다. 난 모으고 싶을 만큼 특별히 좋아하는 게 없었기에 수많은 인형들보다 친구에게 그런 마음이 있다는 사실이 부러웠다. 그날 집으로 돌아와 혹시 발견하지 못한 내가 좋아하는 것들이 있을까 둘러보았는데, 아무리 봐도 없었다. 초등학생 때 아빠에게 받은 곰 인형을 그렇게 좋아해서 20여 년을 침대 머리맡에 두고 옷을 바꿔 입히며 함께 지내왔지만 그게 끝이었다.

성인이 된 나를 생각해볼까. 기분 전환 겸 가구 배치하는 걸 좋아하지만 그렇다고 인테리어에 관심이 많은 것도 아니고 1년에 손에 꼽을 만큼만 즐겁게 배치하는 정도. 집에 고장 난 물건이 있으면 뚝딱뚝딱 겁 없이 고치는 걸 좋아하는데 그것도 고장 났을 때나 하는 거지 더 잘 뚝딱이고 싶어 노력해본 일은 없다. 봉사를 자주 다니긴 했는데 봉사를 취미라고 할 수 있을까. 특별히 좋아하는 음식이 있나? 맛집을 즐겨 찾아다니는 편인가? 글쎄…. 작은 것 하나 잡아내려 해도 아무래도 없는 것 같다.

취미 없는 삶이 팍팍하거나 재미없지 않았다. 취미가 없어도 삶은 충분히 다채로웠다. 매 순간 느끼는 감정에 울고 웃는 것만으로도 하루가 꽉 채워지지 않았나. 짝사랑의 슬픔으로 몇 날 며칠이 순식간에 흐르고, 시험 기간에는 벼락치기를 하느라 일주일이 곧잘 흘렀으니까. 대학생 때는 아르바이트를 하면 하루가 꽉 채워졌다. 취업을 해서는 하루하루가 치열했다. 회사와 대학원 공부를 병행할 때는 하고 싶은 분야를 더 배운다는 생각에 피곤한 줄도 모르고 2년을 보냈다. 나는 여태 취미라는 걸 까맣게 잊고 살았다. 문득 생각이 들었다가도 디즈니 인형 추억처럼 금방 잊곤 했는데, 그런 내게도 취미가 찾아왔다.

취미,
어떻게 시작할까

내가 취미에 대해 생각하게 된 건 남편의 장기 출장이 결정적인 역할을 했다. 남편의 3개월 해외 출장이 결정되고 마음으로 다짐한 게 있다. 적당히 하자. 집안일도 적당히 육아도 적당히, 일도 적당히, 남편이 먼저 내게 해준 말이다. 한동안 두 아이와 홀로 지낼 내가 퍽이나 걱정되었을 거다. 결론적으로 나는 3개월을 그럭저럭 잘 보냈다. 이유는 '적당히' 마음 덕분이었을까. 그런데 아이러니하게도 '적당히'가 내 발목을 잡았다.

남편이 돌아오고 정신을 차려 보니 그동안 모른 체하며 미뤄뒀던 일들이 전부 짐으로 느껴졌다. 하루하루 겨우 해냈던 집안일, 육아, 내 일이 유독 버겁게 느껴졌다. 혼자 지낼 동안의 내 마음만 걱정했지 이후에 감당해야 할 일들은 미처 예상하지 못했던 걸까. 아이의 학습에 부족함이 느껴지면 신경 쓰지 못한 내 잘못 같았고, 집안이 깨끗하지 않으면 대충 적당히 한 내 잘못 같았다. 밀린 일의 무게에 한숨도 새어 나왔다. 끝내 나는 모든 불만의 화살을 나에게 돌렸다. 남편과도 크게 싸웠다. 서너 시간 자며 일한 남편도 나의 아픈 화살을 잡아주기엔 지쳐있었다. 우린 서로 너무 지쳤고 예민했다.

'나 조금 쉬어야겠다. 한 달만.'

그때 나는 모든 걸 멈추기로 마음먹었다. 정확히 말하면 일을 멈추었다. 한 달간 일에서 완전히 떠나기로. 왜 한 달인지 모르겠다. 그동안 휴식은 사나흘로도 충분했고 주말만 푹 잘 쉬어도 회복이 가능한 날이 많았는데, 마음이 그렇게 정했다. 많이 지쳐 모든 것에 권태가 느껴졌기에 그저 멈추고 싶었다. 만약 빨리 회복이 된다면 금방 제자리로 돌아올 마음도 있었고.

쉬어 가기로 결심한 첫날. 느지막이 일어나 적당히 집안일을 하고, 제일 먼저 한 일은 영화 보기다. 2018년에 개봉한 〈리틀 포레스트〉. 주인공 혜원은 뜻대로 되지 않는 일상을 잠시 멈추고 고향으로 향한다. 직접 키운 농작물로 한 끼 한 끼 만들어 먹으며 고향으로 내려온 이유를 서서히 깨닫게 된다. 그렇게 사계절을 보내며 답을 찾은 혜원은 고향에 완전히 정착하며 영화는 끝이 난다.

내가 〈리틀 포레스트〉를 선택했던 이유는 무엇이었을까. 그 당시 나의 다이어리에는 '낭만'을 갖고 싶다고 적혀있었다. 새해 계획표 중 올해 갖고 싶은 것을 적는 칸에 뜬금없이 '낭만'이 떡하니 적혀있다니. 나에게 낭만이 대체 무엇이길래.

'언젠가' 해보고 싶었던 것부터

나는 내가 퍽이나 현실적인 사람이라고 생각했다. 그런데 나는
참 감수성이 풍부한 사람, 시시때때로 변하는 하늘과 구름을 바
라보며 마음을 읽고 저마다 다르게 핀 꽃들에서 좋은 의미를 발
견하는 사람이었다. 나는 감수성을 품고 아주 현실적으로 산다.
원하고 바라는 것이 있어도 아이들의 학원비나 생활비를 계산
하며 마음을 접는 게 나란 사람이다. 현실 앞에서 나는 이상적
으로 원하는 것들을 잘도 내려놓는다. 그러고는 마치 내가 원해
서 선택한 것 마냥 흡족해하고 잘 한 선택이었다고 스스로 칭찬
한 날도 있다. 그렇게 몇 해를 보내니 내가 정말 원하는 것이 무
엇인지 모르겠더라.

언젠가 나도 낭만 있는 삶을 살 거라며, 아직 때가 오지 않은 거
라며, 그때가 언제일지 머릿속으로 셈만 해보았는데 원하고 행
동해야 결국 이룰 수 있다는 걸 이제는 정말이지 알아버렸다.
지금껏 꽤나 가성비 있게 지내온 삶이 금세 바뀌겠느냐마는 이
제는 내가 원하는 것들에 더 많은 기회를 주고 싶다.

그래서 내가 정말 원하는 게 무얼까. 하고 싶은 일들은 하나씩
실천하며 지내는 것 같은데, 미처 발견하지 못한 마음속 깊은

바람이 있는 걸까. 생각해내려 애쓸 필요 없이 최근 가장 즐거웠던 순간을 떠올려보았다. 문득 스친 한 장면. 두 달 전 아이들과 미술 놀이를 할 때 나는 진심으로 즐겁고 행복했다. 평범한 미술 놀이었는데 그날은 조금 달랐다. 남편의 부재와 정신없이 분주한 일상에서 잠시나마 즐거운 몰입의 순간이라 그러했던 걸까. 아이들은 공룡 색칠에 전념하느라 나를 방해하지 않았다. 나도 진심으로 공룡을 칠했다.

'언젠가 나도 미술을 배우고 싶다.'

그 언젠가가 혹시 지금은 아닐까. 망설임 없이 미술학원을 등록했다. 전업주부를 하기 전에 나는 디자이너였다. 그러나 학원에서 미술을 배운 적이 없다. 엄마는 내가 그림 그리기에 재능이 없어 보여서 미술을 가르치지 않았다고 했다. 부족한 부분을 배웠다면 더 잘할 수 있지 않았을까? 나는 부족함을 더 많은 노력으로 채우곤 했다. 부족한 감각을 늘 엉덩이 힘으로 해결해왔다. 어릴 적 못 다닌 미술학원에 대한 미련이 있었는데, 그 미련 이번에 끝낸다! 30년 만에 설레고 가슴이 벅차올랐다.

결혼 후 처음으로 나를 위해
시간과 돈을 투자한 미술.
나에게 시간과 돈을 쓸 줄 몰랐던 나는,
매일 나 자신을 만나는 시간을 통해
나를 위해 사는 게 가능해졌다.
그저 좋고 또 좋다.
이런 용기는 내볼 만하다.

늘 '배워보자'에서
끝났다면

내가 원했던 건 그림 자체였을까, 혼자만의 시간에 몰입하는 내 모습이었을까. 남편과 가볍게 한잔하며 처음 붓을 잡은 경험에 대해 이야기했다. 남편은 기분이 좋아 보였다. 내가 드디어 무언가를 배운다는 것이 좋았겠다 싶다. 그간 내게 '뭐 좀 배워봐' '하고 싶은 거 해봐'라며 말하지 않았나. 내가 '돈이 없어서' '시간이 없어서'라며 어느 하나 시작하지 않는 모습을 보고 답답했을 거다. 남편은 나와 달리 정말 원하는 것이 있으면 없는 시간도 만드는 사람이다. 그러니 내 말들은 핑계에 불과하다 생각했겠지. 시작하고 보니 정말 그런 것도 같다. 핑계 속에 아무것도 시작하지 않는 것보다 시간을, 여유를 손해 보더라도 무언가 시작하는 편이 나았다.

우리의 이야기가 무르익어갈 무렵 남편은 여느 때처럼 좋아하는 노래를 하나씩 하나씩 들려주었다.

"이번 기회에 기타 배워볼까? 우리 기타 배우자."

다음날 낙원상가에 가서 기타를 사 왔다. 늘 기타를 '배워보자'에서 끝이 났다면 이번엔 배워 보련다. 적극적으로 내 마음의 회복을 돕는 남편에게 참 고맙다. 우린 크게 다투기도 하지만 또 어느새 굳게 두 손을 꼭 잡는다. 부디 살면서 손잡는 일이 더 많기를 바란다.

사실 기타가 어려울 것 같아 늘 시작할 수 없었다. 배우고 싶은 마음 '9' 어려울 것 같은 마음 '1'이었는데 신기하게도 언제나 '1'이 이겼다. 우린 우리의 바람을 얼마나 쉽게 포기하고 사는가. 한편으로 기타를 사놓고 먼지만 쌓일 것 같은 마음도 분명 있었다. 언제 그만둘지 몰라 일단 독학으로 시작했다. 지난번에 미술 학원비를 결제했으니 아무리 낭만이 좋은들 통장 잔고를 생각하지 않을 수 없는 법. 정말 학원에서의 배움이 필요하다면 그때는 또 다른 기회가 생기리.

유튜브에서 고르고 고른 황용우 선생님 영상을 보며 하루 이틀 기타 연습을 했다. 강의는 초보자에 맞게 무척 쉬웠다. 배우는 첫날부터 누구나 알 만한 동요 한 곡을 연주할 수 있었다. 코드가 쉽든 어렵든 한 곡을 연주할 수 있다니. 초보에게는 정말이지 큰 성취감이었다. 그래서 매일 할 수 있었다. 그렇게 1주, 2주, 3주…. 나의 한 달을 설렘으로 가득 채워주었다. 어려운데 즐거웠고 서툴게 시작하여 손에 익어가는 기분이 꽤 짜릿했다.

아이들이 등원하고 본격적인 하루가 시작되는 오전 9시에 나는 기타를 치며 기분 좋게 시작한다. 어떤 때는 졸음을 쫓을 낮 2시를 기타 치기 좋은 시간으로 정하기도 한다. 왠지 기운이 없는 날엔 개운하게 씻고 머리가 마르는 동안 기타를 친다. 그 시간이 얼마나 좋은지. 어느새 기타는 하루의 활력을 주는 중심이 되었다. 드디어 내게 취미가 생긴 것 같다. 처음 느끼는 이 기분에 몇 날 며칠 설레었다.

기타가 취미가 되리라고는 상상도 못 했다. 기타가 나에게 이토록 즐거움을 줄 줄이야. 그저 용기 한번 내어 도전한 작고 가벼웠던 소망이 취미가 되다니. 무엇이든 시작하고 볼 일이다. 용기를 내본 것에 대한 보상이 참으로 달다. 그간 감춰왔던 용기를 꺼내 보길 참 잘했다.

아마 여전히 난 허우적거릴 것이다.
지난 2년 동안 그랬던 것처럼.
그래도 늘 시작해야지.

시작했기 때문에 기타를 좋아하게 된 것처럼.
시작한 덕분에 한 점의 그림을 남길 수 있었던 것처럼.

오늘 이 시작이
나와 우리 가족을 더 단단하게 하기를.

균형.
나, 아내, 엄마의
역할을 한다는 것

집에 있는 시간이 많으니 하루 일과에서 아이와 집안일이 차지하는 비중이 꽤 되었다. 가정주부에게 당연한 것이겠지. 거칠게 노는 아이들이 다칠까 우려되어 크게 다그치고 나면 일할 마음이 사라지곤 했다. 그럴 때면 일에 집중하기가 참 힘들다. 일할 마음을 다잡으면 정리되지 않은 주변이 눈에 거슬리고. 그럴듯한 핑계가 난무하는 내가 일하는 곳, 나의 집. 아무리 마음을 내려놓으려 애써도 미간을 찌푸리지 않으려 노력해도 어느 순간 무너지고 마는 날을 여러 차례 겪다 보면 '아이들을 돌보며 일하는 건 정말이지 잘 해낼 수가 없는 일이야'라고 합리화하고야 만다. 나라고 그러고 싶을까. 잘 해내고 싶은 마음이 굴뚝같은데 쉽지 않다.

'과연 나, 아내, 엄마로서의 균형이라는 게 가능할까.'

나는 균형이라는 단어를 생각하고 또 생각하는 날들을 보냈다. 내 하루의 균형은 어느 날은 참으로 괜찮았고 어느 날은 엉망이었다. 균형을 위해서는 새벽부터 부단히 부지런해야 가능했다. 마냥 애써야만 하는 날도 있었고 물 흐르듯 잘 흘러가는 날들도 있었다. 분주하면서도 보람을 느끼며 웃는 날이 있는가 하면 시답지 않게 흘러가는 시간 속에서 애가 타는 날도 심심치 않게 많았다.

분명 휴식을 위한 시간도 필요했다. 나를 온전히 내버려 두는 휴식의 시간. 처음에 나는 그런 날을 균형이 깨졌다고만 생각했는데 휴식은 균형을 위해 애쓰는 날을 위해 꼭 필요했다. 열심히 사는 날과 열심히 쉬는 날의 경계가 모호하면 이도 저도 아닌 날 속에 한숨만 늘어날지 모른다. 내 경우도 많은 날이 그러했다.

'하루의 균형이라는 것이 꼭 나, 아내, 엄마로서의 일을 1:1:1로 균등하게 하는 것일까.'

엄마의 시간

내 의지와 계획과 상관없이 많은 시간을 육아에 할애해야 할
때, 새벽에 서너 번 깨어 우는 아이를 달래느라 나의 숙면과 새
벽 기상이 온전히 보장되지 않을 때, 내가 그토록 해내고 싶은
역할 균형이라는 게 무슨 의미가 있을까. 견고했던 나만의 기준
은 힘없이 무너지기 일쑤였다.

나는 일상이 흔들리고 낙담한 후에야 수학 공식 같았던 균형의
틀에서 벗어나 비로소 알게 되었다. 나와 가족의 삶에는 눈에
보이지 않은 가치 있는 것들이 균형을 이루고 있다는 것을. 매
순간 상황 속에서 우선순위를 찾아 그에 맞는 역할을 하면 그만
이었다. 육아에 시간을 할애하는 날에는 '나'로서 일하는 만족
스러움은 없어도, 두 아이의 이야기가 늘어가는 모습을 지켜보
며 뭉클함으로 하루가 채워졌다. 아이가 예상치 못하게 따뜻한
말을 건네면 그 순간은 애틋함으로 채워졌다. 마음에 기록되는
흔적은 삶의 균형을 유지하는 단단한 기둥이 되어줬다.

아 내 의 시 간

아내로서 남편을 위해 무엇을 했을까. 내가 해주고 싶은 일과 상대방이 바라는 일이 다를 수 있다. 아이들을 위해 시간을 보내느라, 내 시간을 찾는 데 마음을 쓰느라 남편에게 신경 쓸 여유가 없는 날도 있다. 이런 날들이 반복되면 서로 서운함이 쌓이고 다투기도 한다. 그치만 내가 가정에서 하는 일은 어느 하나 가족을 위하지 않은 일이 없다. 하루에 적지 않은 시간을 아이들과 남편을 생각한다. 주부로서 하는 일에 대단한 자부심을 가지며 생활하는 건 아니지만 그렇다고 몰라주면 많이 서운하다. 그래서 우리는 대화를 많이 한다. 물론 우리의 대화는 각자의 힘듦을 알아주길 바라는 마음이 반은 차지하지만. 그래도 서운함의 신호가 느껴질 때 조금 더 서로에게 신경 쓰며 마음의 거리를 좁힌다.

가끔은 남편만을 위한 요리를 한다. 아내의 역할이라는 것이 대단한 게 아닐지 모른다. 밥 한 끼 정성스럽게 준비하는 것만으로 충분할지도 모르지.

가 족 의 시 간

때때로 나의 역할 기준은 계절의 영향을 받기도 한다. 11월 말에는 첫째 아이의 생일이고 나흘 후인 12월 1일은 결혼기념일이다. 매년 이맘때면 남편과 결혼한 성당에 가서 기도를 하고 새로운 다짐을 하는 특별한 하루를 보낸다. 어느 때보다 가족을 생각할 수밖에 없는 그런 계절. 연말에 가까운 계절이니 남편과 마주앉아 예산을 확인하고 새로운 계획을 이야기한다. 하루는 술잔을 기울이며 우리만의 송년회를 보내기도 하고. 이 순간 나의 우선순위는 가족에게 좀 더 향해있다. 첫째 아이가 초등학교 입학을 앞두었을 때는 괜히 마음이 분주한 계절이기도 했다. 겨울은 매년 새 학년을 준비해야 하는 시기니 아이에게 관심을 쏟게 된다. 이때 내 삶은 나에게 일을 잠시 내려놓고 가족과 함께하라 말한다. 다이어리 속 고민의 흔적들은 내게 그렇게 이야기하고 있었다.

나에게 역할 균형이란, 상황과 계절이 변하고 아이들이 커감에 따라 이리도 달라진다. 타인의 삶과 속도에 비교하지 않고, 나의 가정 안에 흐르는 변화에 따라 균형을 맞추는 주체가 된다는 것에 긍정적인 마음을 갖는다. 이것이 완벽하지 않은 나의 일상을 꼬옥 끌어안는 방법이다.

꼭 생산적인 일을 하고
눈에 보이는 가치를 만들어내야만
오늘을 잘 살아낸 것은 아닐 것이다.

대단치 않은 일상을 영위해나갔지만
나의 마음이 무언가로 채워졌다면,
그것이 바로 균형이리라.
잘 지낸 하루이리라.

part.2

마음이

단단해지는

습관

작게나마 계획을 세우니

다음 날 하루를 대하는

태도가 달라졌다.

루틴.
계획을 실천으로 이끄는 약속

나는 미니멀 라이프를 실천하면서 '일주일 실천하기' '한 달 실천하기' 같은 단기 목표를 좋아하지 않았다. 미니멀 라이프는 오래 지속하며 다듬어가는 생활 방식이라고 생각했으니까. 그러나 내 생각이 짧았던 걸까. 미니멀 라이프를 시작한 지 반년이 좀 지났을 무렵, 물건의 개수는 줄었을지언정 나의 생활 방식에 큰 변화는 보이지 않았다. 마음만 먹으니 시간만 흘렀다. 선택은 했으나 집중하지 못한 탓이다. 마음먹은 것을 실천하기 위해서는 좀 더 분명한 목표가 필요했다. 주변을 간결히 하고, 반드시 해야 할 일의 우선순위를 정하고, 내 방식에 맞게 루틴을 세워야 했다.

회사에 다닐 때는 출퇴근이라는 큰 틀이 하루를 꽉 채우고 있으니, 그것을 제외하고 흘러가는 시간은 짧디짧다 느꼈고 작게나마 주어진 시간은 내가 누려야 할 자유 시간이라 여겼다. 그래도 틈틈이 새벽 기상을 시도하고 영어학원에 다니고, 퇴근 후엔 헬스장에서 운동하는 등 하루를 알차게 보내려는 시도는 항상 했었다. 그것이 진정으로 무엇을 위해서인지 깊이 생각하려는 마음은 충분하지 않았던 거 같지만. 결국 나는 새벽 기상을 꾸준히 하는 사람도, 운동을 꾸준히 하는 사람도 못 되었다.

생각해보면 여가 시간을 분명한 목적 없이 그럭저럭 잘 지낼 수 있었던 건, 회사에 다니며 작은 성취를 쌓아가는 것만으로도 내가 열심히, 잘 지내고 있다는 증거가 되었기 때문이다. 그래도 나의 날들은 괜찮게 흘러갔다. 일하는 데 있어 조금 더 성장하고 싶음을 느꼈을 때는 대학원에 진학하여 퇴근 후 학교로 향했고, 영어가 부족함을 느꼈을 때는 출근 전 첫 타임으로 영어학원을 다녔으니까. 출퇴근이라는 큰 프레임 앞뒤로 하고 싶은 일을 계획하는 것은 의지와 간절함의 문제였지 어려운 선택은 아니었다. 그리고 그것은 빠듯하게 흘러가는 하루 속에서 내가 꽤 규칙적으로 잘 살아가는 듯한 착각을 안겨주기도 했고. 그렇게 일로써 성장하려는 마음과 노력은 나로서 잘 지내고 있는 거라 생각하며 지냈다.

그런데 전업주부가 되니 잘해오던 일들도 어려운 일이 되어버렸다. 게을러도 힘들어도 날 움직이게 했던 출퇴근이라는 큰 틀이 없으니 내 하루의 중심이 흔들리는 느낌. 아니 중심이 없어졌다는 게 더 맞는 표현일까. 처음부터 부정적인 흔들림은 아니었다. 그 중심에는 통제라는 틀 대신 자유가 자리 잡았으니까. 처음에는 10년 만의 자유가 어찌나 반갑던지. 아쉽게도 얼마 가지 않아 임신, 출산, 육아를 겪으며 시간적 공간적 제약이 찾아왔지만.

주체적으로 내 할 일을 계획하고 선택했던 지난날들과는 너무 달랐다. 이제 나의 하루는 지켜내야 하는 것이 되었고 그 안에서 의식적으로 나를 찾지 않으면 난 흐르는 시간 속에 곧잘 묻히곤 했다. 부모의 힘을 빌리지 않고서는 혼자 아무것도 할 수 없는 두 아이는 실제로 나 자신보다 중요했고, 거기서 내 삶을 돌아보겠다는 생각은 감히 하지 못했다.

내 일상을 간절히 되찾고 싶다 느꼈던 건
그렇게 나를 잃어봐서다.

그런데 처음부터 내 일상을 찾기 위한 목적으로 애썼다면 과연 찾을 수 있었을까. 헤매지 않았을까. 우리는 지난날 얼마나 많은 질문을 던지며 살아왔나. 내가 잘하는 것은 무언지, 나의 꿈은 무엇인지. 나는 무얼 이루며 살아갈지. 내가 그 질문에 끝까지 매달리지 못했던 것은 내 자신, 내 삶이 정말 중요하다는 전제가 부족해서가 아닐까. 난 분명 20대에도 원하고 바라던 게 참 많았는데 지금의 간절함과 실천하려는 마음에는 빗댈 수가 없다. 30대 후반의 두 아이 엄마가 되어서야 나의 삶이 소중하다는 것을 깊이 깨달았기에, 의지 약하고 희망만 꿈꾸던 내게도 변화가 찾아오게 되었다.

나만의 루틴
만들기

시공간적 제약들이 나의 하루를 흔들더라도 마음만은 흔들림 없이 곧았으면 좋겠다는 생각을 참 많이 했다. 제약이 아니더라도 빠르게 변하는 세상 속에서 나를 잘 지키고 싶었다. 그러다 보니 엄마로서 나 자신으로서 마음을 단단히 하기 위한 작은 약속들이 하나씩 떠올랐다.

작은 것 하나도 늘 마음먹어야 하지만, 서너 개월이 지나도 여전히 매일의 다짐 속에 살아야 하지만, 지켜야 할 작은 약속으로 루틴을 만들고 실천하는 건 아주 소중한 경험이다.

작은 약속으로 동기부여하기

일상의 우선순위를 정하고 선택과 집중을 위해 분명한 목표와 기분 좋은 의무사항을 만들었다. 인스타그램 계정을 만들어서 기록 일기도 쓰기 시작했다. 나 자신의 동기부여를 위한 약속이다. 의지가 약한 나에겐 이런 기분 좋은 의무가 잘 맞는다. 매일 작은 실천을 지속하며 자연스러운 나의 일상이 되도록 말이다. 처음에는 엄마의 영역을 먼저 채워나갔다.

- 거실과 방 먼지 제거
- 현관 바닥 청소
- 침대 정리
- 행주 표백

작은 시간임에도 약속을 이뤄냈다는 기분 좋은 마음은 쌓인다. 이 작은 시간을 5분, 10분 하나씩 점차 늘려 나갔다. 세면대와 변기 주변 청소 5분, 밤사이 마른 그릇을 정리하는 일 5분. 어떤 날에는 음식물 쓰레기 버리기가 귀찮아서 하루 중 가장 기분이 좋은 아침에 버리기도 한다. 돌아가는 길, 마음이 편해진 걸 느낀다. 마음에 걸리는 일 하나를 아침에 끝내버리니 오늘 할 일을 다 한 기분마저 든다. 차곡차곡 쌓은 작은 성취는 나에게 충분한 동기부여가 됐다.

이렇게 무리하지 않는, 나의 생활 리듬에 맞는 루틴을 찾아가는 길은 나를 살피고 돌보는 일이 바탕이 되어야 했다. 나의 상황에 따라 어느 때엔 이 정도면 되었다 싶고, 어느 때엔 더해도 좋을 리듬을 갖고 있으니 말이다. 가정을 살피는 것에서 내 마음을 살피는 것으로 관심이 옮겨진 건 그리 오래 걸리지 않았다. 비움을 통해 끊임없이 나 자신에게 질문을 던졌던 시기와 함께여서 그런지 이때부터 나를 알아가기 위한 여정도 시작되었던 셈이다.

나다운 루틴이란 뭘까

엄마로서의 루틴을 해나간 3개월쯤부터 나 자신을 위한 루틴에 관심이 옮겨갔다. 가장 처음에는 영어 공부를 우선순위에 두었다. 늘 막연히 잘하고만 싶어 하다 멈추기를 반복했던 영어 공부에서 유튜브 콘텐츠 영어 번역을 수월히 하고 싶은 분명한 목적이 생겼기 때문이다. 영어 원서 읽기. 타이머를 맞추고 책을 펼친다. 하루 30분, 고작 두 페이지 정도를 찬찬히 읽고 썼다. 알람이 울리면 기다렸다는 듯 책을 덮는 날도 있고 더 하게 되는 날도 있다. 이제는 영어를 잘하고 싶은 마음보다 그저 매일 하고 싶다는 마음이 든다.

한 달쯤 지나서부터일까. 원서 읽기 루틴이 익숙해질 무렵, 나의 루틴에 운동 30분을 추가로 넣게 되었다. 하고 싶은 일이 하나씩 생길수록 기상 시간을 30분씩 앞당기게 되었는데 아침 시간만이 내가 온전히 집중할 수 있는 유일한 시간이기 때문이다. 아이들의 하원 시간은 등원하고 돌아서면 코앞에 온 듯하니 내게 아침 시간이 중요할 수밖에. 이렇게 나만을 위한 루틴을 만들어갈수록 건강한 삶에 대한 관심도 높아졌다.

마음이 원하는 것들을 오전에 먼저 하는 모닝 루틴은 집안일도 다른 할 일도 보다 수월하게 할 수 있는 마음으로 이어진다. 모닝 루틴 안에 크고 작은 약속과 계획들이 존재하지만, 그것은 나를 계획안에 가두려는 것이 아닌 나와의 약속을 지키며 마음의 에너지를 챙기는 시간에 더 가까웠다. 그리고 무얼 해야 할지 더 이상 두리번거리지 않게 되는 오히려 단순한 일상 안에 놓이게 해주었다. 이 약속 같던 일들도 습관이 되면, 지켜야 할 일이 아닌 편한 일상이 되겠지. 애쓰지 않고도 나를 지킬 수 있다는 건 상상만으로도 너무 설레는 일 아닐까.

하루를 되돌아보니
균형 있게 잘 지냈다 싶다가도
여전히 나에겐 부족한 시간.

어떤 날은 일의 비중이 많고,
어떤 날은 아이 곁을 오래 지켜야 한다.

삶 전체를 바라보았을 때
나와 가족을 위한 일을 하고 있다 믿으며
삶의 한 조각이 될 오늘 하루를
잘 지내보려 한다.

생각대로 되지 않는 일상을
마주하게 된다면

자연스러운 루틴을 얻는 건 생각만큼 쉽지 않다. 청소와 살림에
서툰 내가 크고 작은 루틴을 세우고 하나씩 알아가고 배우는데
애쓴 지 5개월 무렵이었을까. 내게 침체기가 찾아왔다. 난 언제
쯤 능숙해질지, 계속 이리 애써야 하는지, 살림이란 원래 이런
것인지. 많은 생각 속에 갇혔다. 아마 일을 병행하기에, 아이와
함께 하는 일상에는 변수들이 발생하기에 더욱 더디었을지 모
른다. 얼른 수월해질 거란 내 바람과 기대가 나를 아프게 했다.

코로나 바이러스로 외출이 자유롭지 못한 날이 늘어갔다. 가정
보육이 지속되자 나의 무기력감은 예고 없이 찾아왔다. 일을 못
하는 불안함에 몸이 아닌 마음이 지쳐갔다. 아이가 아픈 날은
또 어떠한가. 며칠째 고열이 지속되는 아이를 돌보느라 새벽 기

상을 못하고, 다이어리의 여백은 늘어가고, 일을 못 하는 상황 속에 있을 때. 이것도 내 삶의 일부라는 사실을 예전보다 더 빠르게 알아차리지만 일상이 흐트러질 때면 나는 종종 울컥했다.

나는 무기력감에 익숙해지기 전에 되돌려 놓고 싶었다. 며칠간 한껏 흐트러지다가도 다시 10분, 10분, 나만의 루틴을 만들어 나갔다. 모든 것이 당장 원래의 일상으로 돌아가지 못하더라도 하나씩 하나씩. 나는 10분의 시간을 내는 의외로 어렵지 않은 실천들로 일상의 활기를 되찾을 수 있었다.

무기력감을 극복하기 위해 가장 먼저 한 것은 10분 운동이다. 고강도 근력 운동과 유산소 운동을 하는 타바타 운동은 시간 대비 효율적이었다. 10분이기에 할 수 있었고 10분이라 매일 지속할 수 있었다. 그리고 10분 산책. 인적이 드문 아침 마음껏 걷고 싶었는지도 모르겠다. 어떤 날은 생생한 잎이 유난히 눈에 들어왔고, 어떤 날은 피지 않은 꽃에서 아름다움을 봤다. 또 어떤 날은 사계절 푸른 소나무와 한철 피고 지는 벚꽃 나무가 어우러진 모습에 발걸음을 멈추기도 했다.

허락된 시간 안에서 루틴들을 조금씩 지켜나갔다. 그 당시 나는 뜻하지 않은 날들 속에서 지키고 싶은 일상의 작은 약속을 담담히 지켜나가겠다는 삶의 숙제를 하고 있었는지도 모르겠다. 무기력한 기분을 하루하루 회복해가면서 아이를 지켜보는 여유도 차츰 늘어갔다. 앞으로 숱하게 마주칠 뜻밖의 날들을 조금 더 단단한 마음으로 대할 수 있기를. 마음의 돌봄이 필요한 시기엔 마음의 속도를 따르기로 했다.

셋째를 임신한 지금, 앞으로 변화될 나의 루틴들이 궁금하다. 내 삶의 굴곡을 채워나가려는 나의 작은 노력은 계속될 것이므로. 서른의 출산과 마흔의 출산은 꽤 다를 것이다. 두 아이가 있는 집과 세 아이가 있는 집은 참 다르겠지. 새로운 경험 앞에 새롭게 채워질 나의 루틴들과 그것을 향한 여정에 응원을 건네고 싶다. 잘할 거야. 괜찮을 거야. 나답게 해나가기를.

곤히 잠든 아이를 보면
걱정하던 일은 대수롭지 않아진다.
수차례 경험하면서도 자주 잊는다.

아이를 키운다는 건 그런 걸까.
예상치 못한 일들을 경험하며
그 안에서
부모로서 성숙해지는 과정인걸까.

다이어리.
잃어버린 나를 발견하는 기록

고민이 있어 밤새 뒤척이다 늦게 일어난 날, 계획한 대로 시작하지 못 한 날에는 실망감에 사로잡힌다. 매일 실망하지 않고 살 수 있다면 얼마나 좋을까. 두 아이를 등원시키고 느지막이 다이어리를 펼쳤다. 문득 유튜브 구독자 한 분이 영상 속 댓글에 남겨준 문장이 떠올랐다.

'어긋나더라도 실망하지 말아요.'

그래, 실망하지 않아도 돼. 몇 번을 속삭이며 어젯밤 못 쓰고 잔 감사 일기를 적었다. 그러고는 음악을 크게 틀고 매일 청소 루틴으로 일단 하루를 시작해본다. 단지 음악을 크게 틀고 몸을 조금 움직였을 뿐인데 기분이 서서히 괜찮아진다. 작은 어긋남에 실망할 필요가 없는 이유는 이것이 아닐까. 기분이 좋아질 기회는 얼마든지 있다는 것. 대신 그 기회를 받아들이고 알아차릴 마음의 준비가 돼 있어야겠지.

내가 일상의 흔들림에 실망하지 않고 바로, 아니 가까스로 할 일을 시작할 수 있었던 건 다이어리를 적는 습관 덕분이다. 다이어리를 적으며 하루를 주체적으로 보내는 습관이 들면 일이 어긋나더라도 금방 제자리를 찾을 수 있다. 다이어리라는 물건에서 받는 위로가 아니다. 나의 지난 기록들로부터, 기록해야 할 오늘의 흔적 속에서 기대하지 못했던 위로를 받는다. 지난날 나는 잘 해왔고 오늘도 물론 잘 지낼 수 있으므로.

예전부터 다이어리를 잘 써왔던 건 아니다. 고등학생 때는 스티커 사진으로 다이어리를 꾸미기에 바빴고, 대학생 때는 꾸준히 써본 적이 없다. 회사 다닐 때는 업무 일정으로 빼곡히 채웠던 노트가 바로 나의 다이어리였다. 내게 다이어리는 딱 그 정도였다. 그런데 전업주부가 되고 나니, 지키고 싶은 나의 일상이 있고 루틴이 있는 상황이 되고 나서야 다이어리가 내게 중요한 존재가 되었다.

나는 세 권의 노트를 다이어리로 사용한다. 작은 노트는 외출

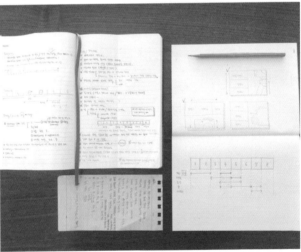

할 때 챙기는 것으로 떠오르는 생각을 메모하고, 기억하거나 연락하고 싶은 지인들을 적고 종종 들여다본다. 큰 노트는 유튜브 영상 작업의 모든 걸 기록하는 업무 노트다. 마지막 하나는 하루의 시작과 끝을 함께 하는 다이어리다. 모두 남편에게서 받은 것으로 특별한 디자인이 있는 것은 아니고 심플한 라인으로만 되어있다. 한때는 특별한 디자인의 다이어리를 써보기도 했다. 그 또한 잘 썼지만 나는 내가 가진 것을 충분히 이용하는지라 라인만 있는 단순한 다이어리로도 충분했다.

다 이 어 리 에 무 얼 쓸 까

- 확언
- to do list
- 감사 일기
- 궁금한 점 메모

나의 경우 다이어리는 종이를 세로로 반을 접어 사용한다. 이렇게 하면 좀 더 정리된 느낌으로 알뜰하게 기록할 수 있다. 시작은 맨 위부터 6~7줄 정도 확언을 적어 내려간다. 처음에는 확언을 어떻게 적어야 하나 싶어 검색해보기도 했다. 내가 적은 문장들이 다소 딱딱하고 어색하게 느껴지기도 했다. 그럴 때면 내가 원하고 바라는 것을 확실하고 명확한 언어로 표현하고자 마음에 집중했다. 천천히 내 마음의 언어로 고쳐나갔다.

나는 오늘을 살고 현재를 살아간다.
오늘의 기쁨을 충분히 느끼는 하루를 보낸다.
나는 이 의미 있는 회복의 시간을 통해
어제보다 나은 나를 발견해나간다.

원하고 바라는 모습을 적는 일로 하루를 시작하면 삶에 대한 기대와 확신으로 마음이 채워지는 느낌이다. 꼭 확언이 아니어도 괜찮다. 편안하게 나에 대한 이야기를 적어나가는 것으로 시작해도 좋다. 내가 나를 알아가고 나 자신을 마주하는 시간과 과정일 뿐 정해진 답은 없다. 이렇게 적어나간 다이어리에는 내가 진심으로 바라는 나의 모습도 있고, 채우고 싶은 부족한 부분을 만나기도 하며, 빛내고 싶은 좋은 면을 발견하기도 한다. 간혹 힘겨운 날들이 지속되는 시기에는 확언이 쉬이 써지지 않는다. 그럴 때는 확언보다 감사 일기를 먼저 썼다.

기록은 신기하게도 또 다른 기록을 이끈다. 바라는 바를 위해 내가 행동해야 할 계획들을 이어서 적어나가는 순간, 기록하는 삶에 감사를 느낀다. 그래서 나는 확언과 일기를 쓰는 과정에서 많은 아이디어와 기회를 얻는다. 나의 루틴도 이 시간을 통해 더 구체화되고 단단해져 간다.

확언 아래에는 반 접힌 선을 이용해 왼편부터 to do list를 적는다. 확언이 환상으로 그치지 않도록 확언을 위한 계획을 적는 것도 잊지 않는다. to do list를 적는 순서는 자유롭다. 나의 경우엔 모닝 루틴을 우선순위에 따라 적고, 그 외의 루틴들은 일과 삶의 균형을 위해 나, 엄마, 아내로서 할 일을 나눠 적는다. 역할 균형이 크게 흔들리고 난 후부터 이리 적게 되었다.

그 아래에는 감사 일기를, 가장 아래에는 궁금한 점을 메모하는 칸을 남겨 둔다. 책을 읽다가 궁금한 점이 생기면 바로 스마트폰을 사용해 찾아보곤 했는데, 독서의 흐름을 끊는 요소가 되어 메모 칸을 마련한 거다. 꼭 해야 할 일을 하는 것도 중요하지만, 하지 말아야 하는 일을 안 하는 것도 내 시간을 지키는 방법이라 생각한다. 다이어리는 이렇게 나의 상황과 필요에 따라 내 삶을 위한 가장 좋은 방법으로 채워진다.

기록하는 이유

나는 왜 부지런히 다이어리를 적으며 시간을 관리하고 해야 할 일들 속에서 지내는 걸까. 주부로서 가사와 육아만으로도 하루가 꽉 채워지는데 말이다. 그렇기에, 그렇기 때문에 나를 더욱 잃고 싶지 않기 때문이다. 지금 내게 가장 중요한 것은 무엇일까? 무얼 했을 때 진정으로 행복할까? 내게 정말 의미 있는 삶이란 무엇일까. 끊임없이 나에게 묻고 답하며, 나에 대해 알아가는 시간이 오늘의 나를 만들고 있었다.

삶의 모습, 속도, 방향은 모두 다르다. 지금 내 상황 안에서 나를 위하는 시간을 조금씩 갖다 보면 분명 어제보다 오늘이, 오늘보다는 내일이 행복할 것이다. 몇 년 후 아이들이 조금 더 크면 지금의 부지런한 삶 말고, 여유 있고 느린 삶 속의 나를 만나겠지. 그때는 그때의 여유로움을, 지금은 지금의 부지런함을 받아들이고 사랑하며 지내고 싶다. 가족과 함께하는 공간을 단정히 하고 그 안에서 잘 지내며 무엇보다 나를 위한 작은 성취감을 날마다 느끼는, 내가 원하는 삶과 닮아가려는 지금의 노력이 참 좋다. 이제야 비로소 지루하고 반복되는 일상이, 살림이 다르게 보인다.

조금씩 성장하고
좋아하는 일을 하고
가정을 돌보고.

균형 잡힌 삶을 만나는데 중심이 된
다이어리 쓰는 습관.

나의 다이어리에는
다짐, 반성, 감사 그리고 희망이 모두 들어있다.
그것을 통해 내 삶이 변화하고 있음을 느낀다.

단순하고 균형 있는
삶 만들기

나는 두리뭉실한 생각을 풀어낼 때나 일을 계획할 때 정보를 시각화하는 것을 좋아한다. 특히 마인드맵은 생각을 확장시키고 정리하기에 좋은데, 이렇게 기록된 생각들은 생각만으로 그치지 않고 실체가 되어 구체적인 계획을 이끌어낸다. 정보뿐 아니라 마음의 소리도 꼬리에 꼬리를 물고 시각화하다 보면 내면의 소리를 쉽게 만나게 된다.

하루는 다이어리를 끄적이며 낭비되는 시간을 점검하던 중 (생활계획표처럼) 동그라미를 그리고 그 안에 내 시간을 그려 봤다. 그러자 어느 시간을 더 활용할 수 있는지, 어느 시간이 낭비되고 있는지 한눈에 보이는 게 아닌가. 두근대는 마음을 가라앉히고 내 하루가 가사, 육아, 일, 취미생활 등으로 균형 잡힐 수 있도

록 다시금 그려보게 되었다. 머릿속에는 늘 균형이라는 단어가
자리를 차지하고 있고, to do list와 check list, 루틴들도 이미
나에게 있었으니 어렵지 않게 그릴 수 있었다.

이 간단한 시각화를 통해 내 시간을 객관적으로 바라보고, 목적
없이 분주한 것만 같은 하루에 질서가 생긴 느낌을 받았다. 애
쓰는 만큼 채워지는 시간도 분명히 보이니 위로가 되는 느낌.
균형이 무너지더라도 다시 돌아갈 제자리가 있는 느낌. 별것 아
닌 종이 한 장으로 나의 하루는 더 정리되고 단순해졌다.

시간이 오래 걸리지 않으니 한 번 그려봤으면 좋겠다. 명심해야
할 점은 무얼 하든 타인의 시간과 상황에 비교하지 않는 마음이
다. 나는 나의 하루를 살아야 하니까. 그래야 나의 상황을 정확
히 인지하고 그 안에서 내 루틴을 만들어 갈 수 있다.

하 루 시 각 화 하 기

종이 한 장을 준비한다. 다이어리에 그려도 좋고. 하루를 시각
화할 2개의 원(시계)을 그린다. 원 하나는 0시부터 정오까지(새
벽~오전 시간), 다른 하나는 낮 12시부터 자정까지(낮~밤 시간)

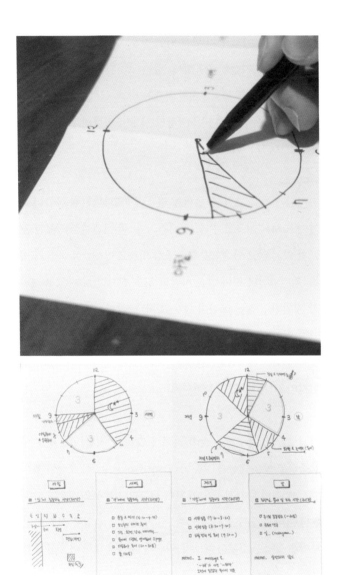

를 나타낸다. 가장 먼저 밥을 먹고 잠을 자는 등 고정된 일정을 그린다. 내가 시간을 활용할 수 없는 고정된 시간을 고민 없이 채운다. 아이들과 놀이터에서 보내는 시간, 식사를 준비하는 시간, 내가 좋아하는 루틴이 형성된 시간이 있다면 그것도 고정 일정으로 그려 넣는다.

고정된 일정을 그린 후 종이를 멀찍이 바라본다. 빈 공간이 내가 주도하여 사용할 수 있는 시간이다. 빈 공간이 조각조각 쪼개져 있지 않고 단순할수록 몰입하기 좋고 루틴으로 만들기 쉽다. 워킹맘이나 일이 많은 사람의 경우 빈 공간보다 일로 빼곡히 채워진 고정된 공간이 많을 것이다. 삶의 균형은 하루에만 있는 것이 아니니 주말을 이용해 균형을 찾으면 된다. 삶의 균형에서 오는 안정감은 시간의 양보다 질에서 비롯되는 걸 나도 워킹맘을 하면서 많이 느꼈다.

이제 본인이 추구하는 삶의 가치에 맞게 각 시간대(빈 공간)에 집중하고 싶은 대상을 적을 차례. 이미 to do list와 루틴이 있다면 금방 적어 나가겠지만, 계획이 서툴거나 무엇을 적을지 고민된다면 다른 종이에 '나의 역할'이나 '균형'을 중앙에 적고 마인드맵을 그리는 것부터 해보자. 역할과 균형에 대한 마음속 생각을 꺼내어 보면서 실천할 계획으로 정리하면 된다.

나는 하루를 시작하는 새벽 시간을 '나 자신'에게 집중하는 시간으로 정했다. 내게 있어 가장 기본이고 중요한 것은 언제나 내면을 단단히 하는 것이기 때문이다. 내 삶의 가장 중요한 걸 하루의 시작 시간인 새벽에 하는 것. 그다음 집중하기 좋은 9시부터 12시까지는 '일'에만 집중을, 오후 7시 30분부터 잠들기 전까지는 '가족'에게만 집중하는 시간으로 정했다. 첫째 아이가 1시면 하교해서 집중하며 일하기 어려운 낮에는 틈새 시간을 잘 활용할 수 있는 일들을 했다.

04:30 ~ 07:30 나를 위한 시간

09:00 ~ 12:00 일에 집중하는 시간

19:30 ~ 22:20 가족을 위한 시간

나 자신을 위한, 일을 위한, 틈새 작업(집중을 안 해도 되는 소소한 일들)을 위한, 가족을 위한 시간. 시간마다 집중할 대상과 목적이 명확해지니 하루가 더 단순하게 흘러간다. 가족을 위한 시간으로 정했다면 망설이지 말고 가족에게만 집중하면 된다. 선택과 집중을 나의 하루에 적용했다고 생각하면 쉽다. 괜히 설거지에 눈 돌릴 필요가 없다.

그 다음 목적이 분명해진 시간에 실천할 계획들을 적어 넣는다.

이미 내게 있던 to do list의 세부 항목을 적어보자. 또는 마인드 맵에서 정리한 계획들을 적으면 된다.

> 04:30~07:30 나를 위한 시간
>
> – 운동 & 샤워하기
>
> – 새벽 기상 유튜브 라이브 준비
>
> – 다이어리 확언, 감사 일기 적기
>
> – 독서 & 원서 읽기
>
> – 소망하는 것을 위한 일하기

가장 아래에는 기억하고 싶은 것을 메모하는 칸을 남겨둔다. 나의 경우 새벽 메모 칸에 '스마트폰 보지 않기'를, 낮 메모 칸에는 '실망하지 않기로'를 적곤 했다. 낮 시간은 아이에 관한 일로 예상치 못한 상황이 자주 발생하기에 이 시간만큼은 계획대로 되지 않더라도 실망하지 않기 위해서. 저녁 메모 칸에는 '낮에 책에서 읽은 내용을 되새겨보기' 같은 메모를 적었다.

모든 계획은 수정에 수정을 거듭할수록 좋아진다. 그러니 조급하게 시작하지 않아도 괜찮다. 자신에게 가장 맞는 패턴으로 곧 자리 잡을 것이다. 균형 잡힌 루틴을 만들어나가는 데에 조금이나마 도움이 되면 좋겠다.

고통의 순간도 행복의 순간도
저마다의 방식으로 내게 답을 주었다.

내 삶에 정성을 들인다는 건 이런 것 아닐까.
어느 하나 의미없지 않고
어떤 방식으로든 내게 돌아온다는 것.

부족함도 서투름도 물론
내가 잘하는 순간들 모두.

part.3

원하는 삶으로

채우는

비움

비움은 후회가 남지 않도록
서두르지 않되,
홀가분하게 비울 때의 기분을
꼭 기억한다.

시간의 흐름에 따라
마음의 변화에 따라
미니멀 라이프 여정을 통해
나와 가족에게 정말 편안한
물건만 남는 걸 경험하며 지낸다.

"미니멀 라이프
왜 하세요?"

미니멀 라이프를 지속하며 아마도 가장 많이 받아본 질문이 아닐까. 내가 미니멀 라이프를 시작하고, 지속적으로 실천하는 건 3가지 이유에서다.

1. 워킹맘에서 전업주부가 된 지 3년 무렵, 나는 삶의 변화가 간절했다. 두 아이를 키우며 반복되는 집안일에 지쳐갔고 의미 없이 흘려보내는 하루하루를 뒤늦게 알아차리고 아쉬움을 느꼈으니까. 이제 와서 홀가분하게 싱글이 될 수는 없는 노릇이니, 온전히 나의 가정 안에서 좀 더 나은 간결한 삶을 가능하게 해주는 건 미니멀 라이프라는 생활 방식이 유일할 것만 같았다.

2. 미니멀 라이프는 내가 추구하는 삶의 가치와 유사했다. 나는

꽤나 합리적인 소비를 선호하기에 고민하다가 소비를 미루는 날이 일쑤인 사람이고 씀씀이가 소박한 편이다(그럼에도 잘 버리지 못해 집에 물건이 많았다). 어찌 보면 내 삶의 어떤 측면은 이미 미니멀 라이프에 근접한데, 내가 추구하며 살아온 삶과 미니멀 라이프의 결이 비슷하다면 앞으로 내가 더 잘 살아가기 위한 방법들을 발견할 수 있지 않을까.

3. 내가 물질로부터 완전히 자유로울 수 있을지 궁금했다. 1년 동안 집안의 물건을 부지런히 비우고도 그 답을 찾지 못했다. 미니멀 라이프를 실천한 지 1년이 조금 지나니 어렴풋이 알 것 같았고, 2년을 지내며 나다운 미니멀 라이프를 만나고 나서야 비로소 '물질'에 대한 안개가 걷힌 기분이었다. 내가 내린 결론은, 물건과 공간의 비움에만 몰입하면 모순되게도 소중하게 남겨진 물건들에 도리어 집착하게 될 수 있다는 것. 미니멀 라이프는 나와 가족에게 불필요한 것을 덜어내고 의미 있는 것에 집중하는 태도를 가지면 되었다. 그래서 나는 한 차례 열심히 물건을 비워냈다면 다음 한 차례는 나다운 삶에 대해 알아가는 데 시간과 정성을 들였다.

미니멀 라이프에 대해 두리뭉실하게 알게 되고 한 달 동안은 웹
사이트와 책에서 다른 사람들의 경험담을 들여다봤다. 그러나
부끄럽게도 하루도 실천으로 이어진 날이 없었다. 그때는 막연
히 '우리 집도 청소가 쉬운 공간이었으면 좋겠다' '불필요한 물
건을 버리면 내 삶도 달라질 수 있을까'라며 단지 머리로만 궁금
했던 걸까. 변화에 대한 갈망이 커져 버려 다행이지 그렇지 않았
다면 난 여전히 눈으로만 물건을 비우고 있었을지도 모른다. 어
쨌든 허비한 시간도 하나의 경험이 되어 정말 비우겠노라 결심
한 순간부터는 책을 다양하게 많이 읽었다.

미니멀 라이프를 실천하는 사람들은 저마다 계기와 삶을 바라
보는 태도가 다르다. 수많은 경험담을 읽다 보면 내가 추구하
는 삶과 비슷하여 책을 읽는 동안 마음의 불편함 없이 동기부여
가 되는 누군가의 미니멀 라이프 여정을 만나게 된다. 그의 값
진 경험에 비추어 내가 미니멀 라이프를 추구하려는 진정한 이
유가 무엇인지 깨닫는 시간도 갖게 된다. 간절함을 발견해야 몇
날 며칠의 짧은 비움으로 끝나지 않고, 긴 여정을 지치지 않고
이어갈 수 있다.

나는 책을 읽으며 기억하고 싶은 내용을 엑셀에 기록해 두었다. 나의 기록에는 실용적인 팁이나 단편적인 방법들은 하나도 없었다. 대체로 미니멀리즘의 마음으로 물건, 공간, 사람, 삶을 대하는 태도가 투영된 글을 기록했고 읽고 또 읽으며 마음에 새겼다. 그렇게 시작한 미니멀 라이프로 나의 태도가 하나씩 바뀌어 갔고 일상에 양분이 되어 긍정적인 삶의 모습으로 열매가 되어 돌아왔다.

정리정돈이 가능한 삶

좋아하는 물건과 함께하는 삶

나를 위하는 삶

취미가 있는 삶

의미 있는 날을 꿈꾸는 삶

누군가에게 나의 집은 미니멀리스트의 텅 빈 깔끔한 집과 다르게 보일지라도 내 생각에는 변함이 없다. 비움을 시작한 1년 후 2년 후에, 빈 공간이 주는 간결함 말고도 다양한 변화로부터 배움을 얻게 된 의미가 내게 더욱 값지므로. 5년 후, 10년 후에는 어떤 변화가 내게 올지 설레기까지 하다. 가능한 다양한 곳으로부터 많은 긍정적인 변화를 만나고 깨닫고 성장하며 이 생활 방식을 기꺼이 즐기고 싶다.

미니멀 라이프는 물질적인 것,
외면의 모습만이 전부가 아님을.

흔들리지 않는 내 삶을 지탱해줄
단단한 마음을 얻는 과정임을.

불편한 경험을
비운다는 것

미니멀 라이프, 비움이란 것은 비단 물건에만 한정된 것이 아니다. 좁게는 물건과 공간에서 시작해, 마음과 관계의 비움까지 삶을 대하는 모든 방식에 적용된다. 실제로 비워진 공간에 채워진 마음은 내 삶의 방식 대부분을 바꾸어 놓았다.

내가 미니멀 라이프 여정을 시작하며 처음으로 감사를 느낀 때가 있다. 물건을 처음 비운 직후가 아니라 몇 번의 비움을 마치고 어느 날 문득, 공간을 마음으로 보게 되었을 때다. 같은 공간이 달리 보였던 순간.

처음 물건을 비우기 시작한 곳은 내가 가장 많이 머무는 공간, 주방이었다. 모든 물건을 꺼내고, 비워진 공간을 젖은 수건으로 꼼꼼히 닦은 뒤 꼭 필요한 물건들을 하나씩 제자리에 두었다. 꼭 필요한지 아닌지 구별하는 것, 고민이 되어 남겨둘지 과감히 비울지 선택하는 것, 물건의 교체 시기가 되어 비울 때가 되었는데 한 번 더 사용해볼지 결정하는 것 등 처음부터 끝까지 생각과 선택의 연속이었다.

물건에 대한 고민과 비움의 날을 거듭하니 물건은 점차 필요한 것들만 남게 되었다. 그러자 시선이 물건에서 공간으로 이동했다. 마음이 편한 공간과 불편한 공간이 눈에 들어오고 불편함의 이유를 생각하게 되었다. 그러던 중 유독 물건과 공간 사이에 이루어지는 '경험'이 마음에 들어왔다. 내가 이 공간에서 이 물건을 사용할 때 어떠한 경험을 하는지. 기분 좋은 경험인지 시간을 낭비하는 불필요한 경험인지. 그때 당시 미니멀 라이프와 경험이라는 단어를 같이 사용하는 미니멀리스트는 없었다. 나는 대학원 시절 사용자 경험 디자인(UX design)에 대해 공부를 했고 제품 디자이너로서 제품을 대하는 소비자의 경험에 관심이 많았기에 공간과 물건을 바라보는 시선도 자연스레 경험에 초점이 맞춰졌다.

그래서 나는 보기 좋은 공간 배치나 미니멀 인테리어보다 물건과 공간 그리고 사람 사이의 불편한 경험을 어떻게 비울지, 어떻게 하면 온전히 그 공간을 활용할 수 있을지에 대한 고민을 더 많이 했다. 아름답기까지 하다면 더없이 좋겠지만 구태여 예쁜 공간을 만들려고 애쓰지 않았다. 이것은 지극히 기본에 충실하며 만족하는 나의 성향과 생활 방식이 반영된 것이다.

집 안 곳곳을 살피는 것부터

집에서 불필요한 경험을 찾는 건 어렵지 않다. 먼저 집안을 찬찬히 살펴본다. 과연 우리 집의 각 공간을 환경과 쓰임에 맞게 잘 사용하고 있는 걸까. 햇살은 방의 어느 쪽을 향해 들어오고 있는지, 그 햇살이 내려앉는 곳에는 어떤 물건이 있는지, 이 공간이 어질러지는 이유는 무엇일지, 불편한 경험은 어떻게 비울 수 있을지. 메모해두고 틈틈이 생각해본다. 불필요한 물건을 비우고 꼭 필요한 물건만 남게 되었을 때, 최적의 공간 배치와 활용 방법을 떠올리는 게 더 수월해진다.

거실을 지나가다가 멈춰 서 아이 방을 슬쩍 바라본다. 정리한 수납장 상단 위로 쌓이고 또 쌓여버린 책들이 눈에 들어온다. 비움을 고민해볼 물건들이다. 아이들이 신나게 논 흔적이 가득한 방을 물끄러미 바라본다. 며칠째 열려있는 수납장 문과 그

앞에 자유롭게 나뒹굴고 있는 장난감에 시선이 멈춘다.

'수납장 문이 없다면 아이들이 놀기 더 편할까?
수납장 문을 닫는 건 불필요한 경험이 아닐까?'

아이들의 불필요한 경험을 덜어주고자 잠시 생각해본다. 며칠 후 문득 바라본 아이 방에는 햇살이 막 들어와 수납장 위에 걸려 있었다.

'해가 들어 참 예쁘네.
아이들이 햇살 아래에서 책을 읽으면 얼마나 기분이 좋을까?'

공간 속의 행복한 온기를 잠시 느껴본다. 이렇게 무의식적으로 혹은 의식적으로 며칠 동안 아이 방을 지켜보았다. 바라볼수록 공간에 애정이 담길 수밖에 없다. 더 이상 사용하지 않는 불필요한 책과 장난감을 비우고, 수납장의 문짝을 떼어 아이들의 불편한 경험을 비웠다. 그리고 햇살이 오래 머물다 가는 곳에 책장과 책상을 두어 자연이 주는 따뜻한 빛 아래 아이들이 좋아하는 미술 놀이를 할 수 있게 했다. 바라보며 생각한다. 아이들의 자리에 해가 조금 더 머물다 가기를, 쉽게 놀고 쉽게 정리가 가능한 기분 좋은 공간이 되었기를, 행복한 공간이 되었기를.

112

"네 장미가 너에게 그토록 중요한 것은

네가 장미에게 들인 시간 때문이야."

소설 〈어린 왕자〉의 한 구절이 나의 상황에 제법 잘 어울린다. 내가 비움의 속도가 더딘 이유가 여기에 있는데, 괜찮은 이유도 여기에 있다. 많은 시간을 바라본 만큼 애정이 생기고 그만큼 내게 중요한 물건, 공간이 된다.

집안을 채우기 시작한 햇살이 눈에 들어온다. 거실 벽에 드리운 햇살과 햇살을 먼저 맞이한 잎들의 그림자까지. 잠시 그저 바라보고 만다. 이 햇살과 그림자는 어제와 같을 텐데. 오늘 유독 눈보다 마음에 먼저 닿는다. 비움의 속도가 내 마음의 속도를 따르지 못하고 단정해지는 공간에 대한 목마름이 간절해질 때 문득 공간에서 위로를 받았다. 나는 시선을 통해 불편한 경험을 해소하는 것에서 나아가 공간에 온기를 더하려는 마음을 얻었다.

집안과 내 마음을 소중하게 바라보고 헤아리는 시간을 가진 덕분일까. 이제 막 세탁이 끝난 옷가지들을 탁탁 펴서 널 때 옷가지를 매만지는 손끝에, 소독수를 행주에 치익 분무하여 정리된 아일랜드 식탁을 닦아내는 중간 중간에 미소가 번진다.

비움의 시작,
하루에 한 공간씩

미니멀리즘에 대한 간절함이 마음에 장착되었다면 이제 시원하게 과감하게 불필요한 물건들을 비워낼 차례. 어디서부터 무엇부터 비워야 할지 몰라 시작조차 망설여진다면, 결과에 대한 만족감이 가장 큰 곳부터 시작하자. 내게 만족감이 큰 곳이란, 지금 머릿속에 떠오르는 왠지 찜찜한 곳. 늘 숙제인 것만 같은 그곳. 이상하게도 자꾸만 물건들이 쌓이는 아일랜드 식탁, 옷은 많은 것 같은데 정작 입을 옷이 없는 옷장, 집에 복이 들어오는 통로라 가장 정리가 필요하면서도 미루게 되는 현관, 생각나는 대로 적으면 어렵지 않게 서너 공간이 포착된다.

다음은 우선순위를 정해보자. 비움이 시급한 공간이 없고 전부 비슷하다면 비교적 작은 공간을 먼저 시작하자. 조금 수월하게 시작해보는 거다. 시작이 가벼울수록 실천에 속도가 붙는 법이니까. 서너 개의 공간을 비울 때쯤이면 다음 공간이 자연스레 정해지곤 한다. 작은 변화를 맛보면 변화가 궁금한 다음 공간을 찾아 나서기 마련이다. 그러니 일단 가벼운 시작부터 해볼까.

불필요한 물건을 비우고 꼭 필요한 물건만 남기는 과정은 모든 공간에 똑같이 적용할 수 있다. 사실 이 과정을 살면서 두세 번 하기란 쉬운 일이 아니다. 하지만 한 번은 꼭 해볼 만하다. 두 번 할 것 아니라면 한 번 할 때 제대로 해보자.

Step 1. 물건을 전부 꺼내기

공간의 물건을 전부 꺼내서 한곳에 모아두면 이런 생각이 든다. 내가 가지고 있는 물건이 이렇게 많았구나! 많은 물건 중 무엇을 쓸지 고르고, 사용 후 정리하는 데 소모된 시간도 덩달아 많이 들었을 거다. 불필요하게 많은 물건을 눈으로 보고 시작하는 건 충분한 동기부여가 된다.

나의 경우 비워진 공간이 주는 홀가분함, 깨끗함, 아무것도 없음에서 편안함을 느꼈다. 이 편안함은 신혼집에 처음 물건을 들여놓았을 때의 설렘보다, 수차례 이사를 거듭하며 빈 공간에 물건을 정리했던 때의 만족감보다 더 강렬했다. 아마도 빈 공간을 그토록 원했던 시기에 미니멀 라이프를 만났기 때문이리라.

물건이 가득 찼던 공간을 비운 후 가장 좋아하는 물건을 제일 먼저 올려두는 순간의 기분은 묘하게 뿌듯했다. 이런 감정을 비움의 첫 시작부터 느꼈던 건 아니다. 서너 번의 비움 즈음이었을까. 아이 방 책장을 비워놓고 아이가 가장 좋아하는 책을 책장 가장 위 칸에 꽂을 때 처음 느꼈다.

'우리 시현이가 가장 좋아하는 책을 여기에….'

책을 꽂으며 진하게 미소 짓던 그 날. 역시 어쩔 수 없는 엄마였던가. 이때부터 나는 빈 공간이 주는 의미를 더욱 깊게 잘 느낄 수 있었다. 그다음부터는 모든 빈 공간에서 그때의 묘한 뿌듯함을 느낀다.

Step 2. 남길 것, 버릴 것, 보류 분류하기

물건을 전부 꺼냈으면 하나씩 살펴본다. 나와 함께 나의 가정 안에서 오늘을 그리고 내일을 함께 지낼 물건인지 아닌지 분별하는 과정인데, 이때 한 가지 방법이 있다. 나의 손길이 닿는 물건이 살아있다고 생각해보기. 우리 가족이 한집에서 부대끼고 살아가듯 물건도 우리와 함께 부대끼며 지낸다 생각하면 남길지 비울지 결정하기가 한결 수월하다.

이때 명심해야 하는 건 비움의 과정은 좋아하는 것을 남기는 과정이라는 거다. 많은 물건들 사이에서 과연 내게 정말 필요한 물건은 무엇인지 분별하는 과정이지 버릴 것을 찾아 나서는 여행이 아니다. 무엇을 버릴까 기웃거리다가는 하나도 못 버릴지 모른다. 물건이 쌓여버린 데에는 이런 이유로, 저런 이유로 버리지 못해서가 아닌가. 나 또한 처음에는 물건을 골라내기 어려웠지만 몇 차례의 비움 끝에 남길 것, 버릴 것, 보류할 것으로 분류하는 나만의 기준이 생겼다.

1. 남길 것 고르기. 물건이 내게 정말 필요한지 분간이 어렵다면 일본 최고의 정리정돈 전문가인 곤도 마리에의 비움의 기준인 '설렘'을 적용해보자. 나를 설레게 하는 물건만 남겨보는 거

다. 물론 나의 경우 모든 물건에 설렘을 적용할 수는 없었지만 그녀가 어떤 느낌을 전하고 싶었는지 하나씩 비우며 알 수 있었고 꽤 도움이 되었다. 설렘이라 단정 지을 수는 없지만 나를 기분 좋게 하는 것, 이 공간에 있어도 충분히 좋을 것, 내년에도 내후년에도 함께하고 싶은 것…. 그 어디쯤 엇비슷한 느낌이 아닐까. 물론 매일 사용하고 언제나 손이 가는 물건은 고민할 필요 없이 남기고!

2. 버릴 것 고르기. 설레지 않는 나머지 물건들이 주인공이다. 확실한 것부터 비워볼까. 오래되어 낡은 것들, 이를테면 유통기한이 지난 식재료나 생활용품, 오래 입어 낡거나 작아진 옷, 몇 번의 제거에도 끄떡 않고 남아있는 보풀 있는 옷과 작별할 시간이다. 고민이 필요 없는 것부터 쉽게 비워내며 에너지를 아껴보자.

두 번째 후보는 최근 2년간 사용하지 않은 물건이다. 비움이 어려웠던 나는 두 번째 관문에서 여러 번 무릎을 꿇었다. 언젠가는 사용하지 않을까 싶은 물건을 선뜻 비우기는 어려웠다. 그러나 쌓아둔 물건들은 2년 이상 그대로 자리를 지키고 있을 뿐이었다. 역시 버렸어야 했어. 1~2년간 사용하지 않은 대부분의 물건은 나를 설레게 하지 않는다. 그래서 손이 가지 않았고 구석으로 밀려나 눈에 띄지 않는 경우가 많다. 결국 설렘 없는 물건의 최후는 비움이다.

3. 보류. 정말 분류하기 어렵다 싶은 물건은 남겨두자. 섣불리 비우고 후회할 바에는 남겨두고 몇 달 후 여전히 사용하지 않음을 느끼며 홀가분하게 비워내는 편이 좋으니까. 아이러니하게도 남기기도 버리기도 쉬웠던 물건은 내가 좋아하거나 좋아했던 물건이다. 여전히 잘 사용할 것이므로 남기기 쉬웠고, 지금까지 잘 사용했으므로 미련 없이 버릴 수 있었다. 그 외의 것들은 시간이 지나도 망설이게 되고 결국 버려지게 될 확률이 높다. 그러니 버리기가 망설여진다면 보관 상자나 공간에 따로 모아두자. 혹은 의식적으로 사용해보도록 물건을 보이는 곳에 놓는 방법도 괜찮았다. 눈에 보이는 곳에 떡하니 두어 쓰일 기회를 한 번 더 주었는데도 손이 안 간다면 다음 비움 시 그 물건은 버림 1순위가 될 것이므로.

버릴 것으로 분류된 물건들은 지인에게 선물하거나, 중고 판매, 기부(아름다운가게, 굿윌스토어 등)나 드림으로 물건이 마지막까지 쓰이도록 한다. 자원이 쉽게 버려지는 일이 없도록 노력하는 경험은 신중한 구입으로 이어지고 물건을 소중히 다루는 마음이 생긴다. 비우는 과정은 어느 하나 버릴 마음이 없다.

Step 3. 남겨진 물건의 자리 정하기

우여곡절 끝에 나와 함께 할 물건을 선별했다면 이제 자리를 정할 차례. 자리를 정하면 물건이 어디 있는지 분주히 찾을 일이 없고 재고를 파악하기 좋아 불필요한 지출을 줄일 수 있다. 자리를 정하기가 어렵다면 남겨진 물건의 개수나 공간이 내가 관리할 수 있는 범위를 넘어섰기 때문이다. 그때는 다시 한번 불필요한 물건이 있는지 점검해본다. 꼭 필요한 물건만 소유하게 되면 자리를 정하는 일에 큰 어려움이 없고 환경에 따라 공간의 변화가 필요할 때 이동하기에도 수월하다.

나는 누구나 알 만한 정리정돈의 기본 정보만 가지고 지낸다. 불편함 없이 충분하다. 자주 사용하는 것은 가까이에 그렇지 않은 것은 멀리 혹은 안쪽에 두는 것. 어느 공간에서는 시선의 흐름이 편안한 왼쪽에서 오른쪽으로, 잘 사용하고 좋아하는 물건은 위에서 아래 방향으로 배치하는 것. 같은 색상과 재질끼리 정리하는 게 보기에도 편하고 효율적으로 사용하고 관리할 수 있다는 것. 비교적 많은 물건이 놓인 주방은 동선을 줄이는 배치가 집안일의 효율을 높인다. 불필요한 경험(움직임)을 비우는 과정이 여기에 적용된다.

여행을 해야 몰랐던 아름다움을
마주할 수 있듯이

비워야 미처 몰랐던
소중한 공간을 만나게 된다.

천천히
나답게 변화된 공간들

물건이 적다는 게 깨끗한 공간을 뜻하는 건 아니다. 물건이 적
다가도 공간에 다른 물건이 쌓이면 금세 지저분해지니까. 이는
비움의 과정에서 불필요한 물건을 버리기만 할 뿐 공간의 용도
를 고려하지 않은 탓이다. 공간을 바라보고 불필요한 경험을 줄
이는 비움의 과정을 실천하면 공간이 더 단정하고 편안해진다.

공간마다 비우는 방법에 차이는 있지만 큰 틀은 같다. ① 작은 공
간부터 시작하기 ② 물건을 전부 꺼내기 ③ 남길 것, 버릴 것, 보
류로 분류하기 ④ 남겨진 물건의 자리를 정하기. 때론 비움으로,
때론 가족의 관심으로, 공간의 쓸모로, 친환경을 생각하는 마음
으로 조금씩 천천히 비워지고 변화된 나다운 공간이라면 애정
이 생기게 마련이다.

옷장

가장 미련이 많은 곳 아닐까. 비움 전에는 옷을 얇은 세탁소 옷
걸이에 걸어 옷장 빼곡히 질서 없이 걸어놓았다. 나는 옷에 큰
소비를 하지 않아서 7~10년 이상된 옷들이 대부분이었다. 비
움이 절실했던 공간. 지금의 나이, 얼굴색, 체형에 맞지 않는 옷
을 비우기로 했다. 두 아이를 낳고 체형이 변한 건지 기장이 짧
은 옷들은 이제 손이 가지 않는다. 더 이상 나의 삶과 나다움에
어울리지 않는 옷들, 모두 비웠다.

옷장은 비움의 단계를 골고루 경험하기에 좋은 공간이다. 그만
큼 시간이 걸리지만 생각도 깨달음도 큰 공간. 비우고 정리된
공간에서는 취향도 느껴진다. 유행을 타지 않는 기본적이고 차
분한 두루 활용하기 좋은 옷을 구입한다고 생각해왔는데 그 안
에서도 나의 취향은 있었다. 옷이 한눈에 보이는 옷장은 망설임
없는 하루를 시작하는 공간이 되기도 한다.

125

이불장

침구 교체를 하다가 베개 커버를 못 찾던 날, 바로 이불장 비움을 시작했다. 이런 불편한 경험은 누구나 한 번쯤 하지 않았을까.

먼저 내게 주어진 이불장의 상황을 파악하고 불편한 경험을 찾아본다. 나의 이불장은 분리할 선반과 옷걸이 봉이 없는 상황에서 베개 커버, 이불, 패드가 뒤섞여 찾기 힘들었다. 낡고 사용하지 않는 이불을 먼저 비운 뒤, 압축봉을 설치하여 베개 커버를 옷걸이에 걸었다. 왼쪽엔 러그나 패드류를, 오른쪽엔 이불을 넣는 것으로 공간을 분리했다. 선반을 재단해 설치할 수 있으면 더 확실한 구분이 될 수 있다. 나는 집에 있던 압축봉만을 활용했다. 베개 커버 안에 이불과 패드 세트를 함께 넣어서 보관하는 방법도 생각해보았는데, 나는 베개 커버를 자주 세탁하는 편이어서 옷걸이에 따로 걸어두었다.

우리는 저마다 다른 공간, 다른 경험 속에 있으니 나만의 공간을 세심히 바라보며 답을 찾아보자.

• 안 쓰는 이불과 수건은 종합유기견보호센터에 연락해서 필요한 곳에 기부하였다.

신발장

현관에 신발을 전부 꺼내고 남길 것과 버릴 것을 분류한다. 신발 욕심이 없는데 많은 이유는 제때 비우지 못 해 몇 년 동안 쌓인 탓이다. 낡은 신발, 발이 불편한 신발, 언젠가 한 번은 신겠지라며 남겨둔 신발들이 한가득.

버릴 신발을 고르려고 하면 고민하느라 시간만 보내게 된다. 비움의 과정에서 항상 기억해야 할 점은 비움은 좋아하는 것을 남기는 과정이라는 것. 잘 신는 신발을 선별한다 생각하면 비움이 한결 쉬워진다. 고민이 되는 물건은 진정 필요하지 않은 경우가 많다. 예쁜데 신으면 불편한 신발이 특히 그렇다. 이 신발과 함께 하는 한 마음도 계속 불편하겠지. 비우기로 한다.

욕실 수납장

욕실 수납장에는 여분의 칫솔, 치약, 수건, 클렌징 제품, 아이들 선크림, 사용하지 않는 빗과 컵 등이 있다. 매일 사용하는 것부터 수개월 공간만 차지하는 물건이 섞인 곳. 며칠 지켜보며 물건의 자리가 이 공간에 맞는지 생각해본다. 의외로 자주 사용하는 물건은 몇 개 없다는 걸 금방 알아차릴 수 있다. 수납장에는 자주 사용하는 물건과 여유 물건 한두 개만 남긴다. 더불어 빈 공간에 무언가로 채워야 할 것 같은 마음도 비운다.

우리 집은 상황이나 계절에 따라 안방과 거실 욕실의 사용 빈도가 달라지는데 그때마다 자주 사용하는 수납장 한 칸만 물건이 달라진다. 사용하는 물건이 한두 개로 간단해 옮기기에 간편하다.

베 란 다

잠시 보관하려던 물건이 쌓여 창고로 변해버린 베란다. 낡은 여행 가방, 아이들의 모래 놀이 도구, 남은 도배지와 시트지 등 언제 이렇게 쌓였지. 블라인드를 내리면 보이지 않는 덕에 감추고 가리며 지냈다. 패브릭으로 가리는 것은 때로는 인테리어 효과가 있지만 관리해야 하는 물건으로부터 눈과 마음을 멀게 한다.

베란다가 있는 방은 내가 서재로 사용하는 곳이었다. 베란다가 어지럽다 보니 덩달아 서재도 서재다운 공간이 못되었다. 베란다를 비우며 가려졌던 물건만큼 불편했던 마음을 비우고, 내가 바라는 푸르름과 햇살이 느껴지는 서재를 그리며 정리하니 어느덧 좋아하는 공간이 되었다. 이토록 아름다운 공간을 한동안 방치했다니 왠지 미안하다.

세 탁 실

좁은 세탁실은 내게 어떤 곳이었나. 사용하지 않는 물건이나 여분의 생필품을 보관하는 공간, 그러니까 중요하지 않은 공간이었다.

세탁실은 두 차례에 걸쳐 비웠다. 첫 비움은 합성세제와 일회용품 등 불필요한 물건을 비웠고, 두 번째 비움엔 혹시나 해서 남겨두었던 물건을 역시나 비우는 과정을 거쳤다. 두 번의 비움으로 물건은 줄었는데 여전히 치우고 정리하고를 반복해야 하는 공간이었다. 뭐가 문제일까. 찬찬히 살펴보니 나의 경우 재활용품, 감자, 고구마 등 보관할 장소가 마땅치 않은 것들을 세탁실 어딘가에 올려두기 일쑤였다. 그래서 세탁실은 항상 지저분했다.

세탁실 수납장의 문을 떼어 물건을 수납할 수 있는 공간을 만들었다. 통풍이 잘되니 감자와 고구마를 보관하기 좋았다. 평소 건조기 위에 아무렇게나 올려놓았던 재활용품도 보관함을 마련했다. 그때 알았다. 보관함을 사지 않는 것이 미덕은 아니라는 것을. 보관 바구니를 마련해 물건들의 명확한 자리를 만들어주니 더 이상 세탁실이 지저분해지지 않았다.

거실

우리 집 거실은 처음부터 물건이 많은 편은 아니었다. 덕분에 공간을 공간답게 사용할 수 있었던 것 같다. 거실은 가족 모두의 공간으로, 가족이 안락하고 편안하게 지낼 수 있는 방향으로 비우고 정리했다. 특히 우리 집은 아이들의 안전을 우선에 두어 1년에 한 번 정도 배치에 변화를 준다.

거실에는 탁자가 있었는데(사진1) 아이들이 위험하게 탁자에서 소파로 뛰어놀 무렵 탁자를 치웠다. 그 후 코로나로 가정 보육이 길어져 아이들의 거실 생활이 늘어난 때에는 책장을 거실로 꺼내놓았다(사진2). 아이들이 식탁을 발판 삼아 아일랜드 싱크대에 올라서서 뛰어내리기를 반복할 무렵 식탁을 거실로 옮기기도 했다. 햇살이 귀한 우리 집에 창가 가까이 햇살이 가장 많이 머무는 곳에 오게 된 식탁. 우리 가족 모두 참 좋아하는 공간이 되었다(사진3).

훌륭한 인테리어가 따로 있을까. 공간의 환경을 최대한 활용하고, 우리 가족다운 모습을 한 집이 가장 아름답다.

주방

주방은 옷장만큼 참 많은 물건과 함께 생활하는 곳이다. 코팅이 벗겨진 것, 상처 난 플라스틱 용기, 기념품으로 받은 의미 없는 그릇을 먼저 비운다. 멀쩡하지만 더 이상 사용하지 않는 그릇은 기부한다. 비움이 망설여지는 그릇은 보관해두고 6개월 후 다시 살펴본다. 나는 보관해둔 그릇을 1년 후에 절반, 다음 1년 후에 나머지를 모두 비우게 됐다. 비울 당시에는 망설였지만 결국 사용하지 않더라.

첫 비움을 한 후 2년여 동안 식기류에는 변화가 없었는데 주방 용품들은 점차 변화되었다. 플라스틱 반찬 용기는 저마다 다른 자리에서 보관함 역할을 하고 있고, 일회용품은 이제 거의 없는 상태. 나의 주방은 잘 비우고 잘 재활용하며 현명하게 바뀌고 있었다.

부 부 의 침 실 (안 방)

침실은 온전히 숙면을 위한 공간이다. 침대 말고 더 필요한 것이 무엇이 있을까. 나도 지난 몇 년을 침실에 침대만 놓고 지냈다. 아이들 침대와 부부의 침대. 그러나 아이가 초등학생이 되고 잠자리 독립을 하면서 아이 방으로 침대를 옮겼고, 아이의 침대가 비워진 공간에는 부부의 책상이 들어왔다. 본래 나와 남편의 책상은 서재에 있었는데, 아이들이 커가자 서재를 아이들의 놀이와 독서를 위한 공간으로 꾸리게 되었다.

침실에 들어온 책상은 처음에는 별생각 없이 안정감 있게 벽으로 배치했다가 8개월 후쯤 창가로 옮겼다. 책상의 위치는 오전에 들어오는 햇살을 받으며, 자연이 주는 편안함을 느끼며 나의 시간을 보낼 수 있는 곳이 되었다. 우리의 책상이 제자리를 찾은 느낌이다. 공간이 꼭 어떤 모습이어야 한다는 공식에 갇힐 필요가 없었다.

아이 방

아이 방은 연령에서 벗어난 물건과 책을 먼저 비우는 것이 쉽다. 그 후 망가진 것, 가지고 놀지 않는 것, 뽑기로 산 작은 장난감을 비운다. 아이들에게 비움에 대한 이야기를 하고 의사를 묻는 것도 잊지 않는다. 우리 아이들이 물건에 대한 애착이 강하지 않아서인지 가지고 놀지 않는 물건을 비우는 것을 잘 받아들였고 스스로 비울 줄 안다. 둘째 아이는 다섯 살이 되니 분별이 가능해졌다. 처음 한두 번의 비움이 어렵지 나도 아이들도 해가 거듭될수록 비울 물건에 대한 분별력이 좋아졌다.

아이 방 가구 배치와 활용은 방의 환경과 아이들 연령에 따라 바뀐다. 물건이 적을수록 상황에 맞는 배치가 수월하다. 초등학교 2학년인 첫째 아이는 필요에 따라 책상 배치를 스스로 바꾸며 생활한다. 물건이 적고 가구들이 가벼워서 가능한 일. 아이들도 단정한 공간이 주는 편안함과 애정을 키워가고 있을 거라 믿는다. 아이들이 정리를 잘하길 바라는 마음보다 아이들의 정리가 쉬워질 수 있도록, 공부에 집중할 수 있도록 환경을 만들어주는 부모가 되고 싶다.

1일
1비움

미니멀 라이프를 시작한 지 265일째. 그러니까 1년이 되는 날까지 100여 일 남았던 날이었다. 100이라는 숫자를 보고 있자니 다시 한번 잘 보내고 싶은 마음이 생겼다. '한 달' '100일'이라는 시간은 분명한 목표를 정하고 집중하기 좋은 날들 아닌가. 조금 갑작스럽지만 나는 100일 동안 '1일 1실천하기'를 시작하기로 했다. 1일 1비움을, 1일 1환경을 위한 작은 행동을. 매일 부담 없는 작은 실천을 지속하며 자연스러운 나의 일상이 되도록 말이다.

그 당시 나는 미니멀 라이프를 실천하며 긍정적인 생각과 단단한 습관을 일상에 흡수하고 있었고, 그로 인한 변화를 한참 느끼고 있었다. 불필요한 물건을 비우는 것과 나의 크고 작은 루틴들이 일상이 되길 바라던 그 시기. 1일 1비움은 미니멀 라이프 여정 중인 내게 찾아온 자연스러운 미션 같았다. 때마침 의지 약한 내게 의미를 갖고 실천하기에 좋은 100일이란 시간이 주어졌음에 감사할 뿐.

1일 1비움을 대단한 목표와 결심으로 시작한 건 아니다. 오래 지속하고 싶은 습관일수록 힘을 빼고 하나씩 천천히 시작해보고 부족한 것을 채워나가야 한다는 건 미니멀 라이프를 통해 얻은 깨달음 아닌가. 나는 매일 하나씩 불필요한 작은 물건을 비웠다. 가령 잉크가 나오지 않는 펜이나 지갑에 쌓인 영수증, 전자제품이 충전되지 않는 고장 난 선 같은 물건들. 이때 환경을 위한 하루 하나의 실천도 함께했다. 비닐 줄이기, 플라스틱 줄이기, 분리배출 제대로 하기…. 물건을 적게 소유한다는 건 결국엔 쓰레기를 적게 남기는 것과 연결되었다. 미니멀 라이프에 다가갈수록 환경을 생각하는 삶에 가까워진다는 걸 느꼈다.

100일 후 내게 어떤 변화가 찾아왔을까. 주방을 살펴보니 언제나 단정한 공간이 거기 있었다. 무엇보다 잠시 멈추어 주변을 둘러보고 생각하게 된 일상 속에 들어온 비움이 반가웠다. 환경을 위한 실천도 마찬가지.

'오늘 내가 할 수 있는 일이 뭐가 있을까.'

자연스레 묻게 되었다. 실천에 집착하지 않고 자연스레 정리하고 행동하는 적당한 온도에서 살고 있는 느낌. 비움의 과정을 진정으로 즐기게 된 날들이 참 좋다. 물건은 천천히 비워지지만 마음은 단단히 채워지는 여정을 오롯이 느꼈다.

불필요한 물건을 비우는 것에서
점차 환경적으로 가치 있는 물건을
소유하고 남기는 것으로
우리 집이 변화되어 간다.

비움의
정체기를 만나다

미니멀 라이프를 꿈꾸며 하나둘 비우기 시작했지만 역시나 아이와 함께 하는 비움은 더디기만 했다. 비우기 위해 쌓여있는 박스들에 두 눈을 질끈 감기도 하고, 때론 분리배출을 위한 재활용 쓰레기도 눈에 거슬렸다. 아이가 있어 당연히 반복되는 일상에 지치기도 하고. 내가 비움을 통해 기대한 건 무엇이었을까.

내 기분이 환기되었던 건 역시 일상을 다시 잘 살아내는 일이었다. 고민하는 대신 어제와 같은 일상을 그저 시작해보는 것. 때론 이것도 작은 용기가 필요하다는 사실이 억울할 때도 있지만 어쨌든. 집안을 둘러보며 미뤄두었던 욕실과 주방의 작은 창 커튼을 만들어주고 어떤 날은 아이의 그림을 벽에 걸어보기도 한다. 구석구석 손길이 닿는 곳의 변화를 지켜보는데 다시금 마음이 좋아진다. 이렇게 비움의 정체기를 만날 때면 미니멀 라이프의 긍정적인 면을 바라보는 게 좋다. 언제나 일상 속 짧고 굵은 방황은 별일 없었다는 듯 마무리된다.

남의 기준 말고
나의 기준

비움 후 1년이 되었을 무렵에도 유독 비우기 어려운 것이 있었다. 바로 잠옷과 실내복. 외출복으로 더 이상 안 입는 옷은 본래의 역할을 다한 후 자연스레 쓸모가 바뀌어 '집에서 생활하기 편한 옷'이 되곤 했다. 꼭 필요해서 남겨졌다기보다 용도가 바뀐 거랄까. 그랬던 내가 잠옷과 실내복으로 탈바꿈한 옷을 비워야 하나 고민하게 된 건 책의 한 문장을 만나서였다.

"시간의 가치는 같으므로 집에서도 설레는 옷을 입어야 한다."

외출복을 실내복으로 격하시키지 말라는 의미다. 정말 그럴까? 실내복도 무얼 입느냐에 따라 삶을 대하는 태도가 달라질까? 옷 가게 앞에 서성이기를 서너 개월 만에 실내복과 외출복을 겸

할 수 있는 옷 세 벌을 샀다.

결과적으로 나는 옷이나 겉모습에 따라 태도가 달라지는 사람은 아니었다. 내가 태도를 가다듬었던 지난날들을 돌아보니 집안 곳곳에 눈길을 주었던 날과 1일 1비움을 실천하던 날이 떠올랐고 참으로 설레었다. 나는 삶을 대하는 태도가 오롯이 마음에서 비롯되는 사람이었다.

이를테면 운동복도 마찬가지. 집에 있던 아무 옷에 레깅스를 입고 홈트를 하던 날. 나는 행복했다. 열심히 운동하기로 한 나와의 약속을 지키고 처음 구입한 운동복도 꽤나 마음에 들었지만, 입고 있는 옷에 따라서 운동하는 나의 태도가, 진심이 달라진 건 결코 아니었다.

그릇도 마찬가지. 내게는 아껴 쓰는 설레는 그릇이 없다. 나에게 그릇이란 우리 집 식탁에 잘 어울리며 가족이 음식을 편안하게 먹으면 그만이니까. 나와 가족의 식사 시간을 따뜻하게 해줄 그릇 몇 개면 충분하다.

나는 비움 1년 차에 비로소 '설렘'이라는 단어로부터 자유로워졌다. 나의 시간, 가족이 함께하는 공간의 가치는 우리가 무엇을 소유하느냐에 따라 달라지는 건 아니었다.

나에게 설렘이란, 물건보다 생활 방식에서 나온다. 비움과 제로
웨이스트를 꾸준히 실천하며 찬찬히 바뀌어 가는 공간들에서
새로운 설렘이 찾아왔다. 한순간에 정리하고 이루어진 공간이
아닌, 불필요할 때마다 하나씩 비웠고 필요할 때마다 자리를 만
들어줬다. 재활용 상자가 정갈하게 줄지어 정리된 따뜻한 공간.
제로웨이스트를 위한 물건들이 자리를 잡아가는 공간. 설렘의
기준에 변화를 준 미니멀 라이프에 고마움을 느낀다.

나는 물욕이 적어 소비를 잘하지 못한다.
그래서 계획을 세워
소비하는 일에 정성을 들인다.

그저 덜 소비하고
저렴한 물건에 관심을 갖는 것이 아닌,
물건에 대한 가치를 알고
환경을 생각하며 현명한 소비를 하고 싶다.

가진 것은 적으나 만족하고 소중하게,
지속적으로 사용하고 싶다.

"다 갖추고 사는데
미니멀 라이프인가요?"

미니멀 라이프에 대해 아무것도 모르던 제로zero의 상태에서 시작한 지 2년 반이 훌쩍 흘렀다. 처음 미니멀 라이프를 시작할 당시 상상했던 나의 집은 지금의 모습과 비슷할까.

나의 마음과 모습, 집안의 모습에 많은 변화가 있었던 2년 6개월쯤이었다. 2년이 넘어가는 시점에는 망설이는 물건을 남겨두려는 약간의 미련도 비워졌다. 가장 큰 수확이었다. 그만큼 나는 미련도 많고 속도도 더뎠던 사람. 더 정확히 말하면 비울지 말지 고민하느라 쌓여가는 물건을 바라보는 불편한 감정을 비워냈다는 표현이 맞다. 왠지 새 마음을 장착하고 또 다른 여정을 홀가분하게 시작하는 것 같은 기분이었다.

3년을 기점으로 나는 다시금 비움에 신경 쓰며 집안을 살피고 있다. 다음 해 봄에 태어날 셋째 아이를 위해, 조금 더 간결한 삶을 만들기 위해. 식구가 늘어나면 일이 더 많아질 거라는 걱정을 내려놓고 집안일을 조금 더 수월하게 할 수 있도록. 함께 하는 물건과 공간이 더 간결할 수 있도록. 북적이는 현실에서도 마음만은 편안할 수 있도록. 앞으로도 계속될 나의 여정을 기대하고 있다.

그러던 최근, 누군가에게 이런 말을 들었다.

"다 갖추고 사는데 미니멀 라이프인가요?
그저 정리정돈을 잘하며 사는 사람 같은데."

그의 눈에 내가 갖춘 건 무엇이었을까. 그의 관점에서 미니멀 라이프의 기준은 나의 집에 있는 소파와 침대 같은 물건이 기준이었던 건 아닐까. 아이러니하게도 나는 미니멀 라이프를 시작하며 오히려 갖추고 살게 된 것들이 많긴 하다.

새벽 기상으로 오롯이 나의 시간을 갖게 되었고
운동 습관을 만들게 되었고
취미를 얻게 되었다.

두 아이를 키우며 단정한 집을 유지하게 되었고

동영상을 제작하는 일을 갖게 되었고

글을 쓰고 경험을 나누는 의미 있는 일을 얻게 되었다.

미니멀 라이프를 시작하며 갖추고 살게 된 것이니 나는 정말이지 이 생활 방식 안에서 잘 지내고 있다고 생각한다. 그러나 나와 다르게 생각하는 어느 누구도 틀리지 않았다. 미니멀 라이프 여정은 저마다 다른 모습이니까. 누군가는 물건을 말끔히 비워나가는 여정에서 많은 것을 깨달으리라. 누군가는 비우는 삶 속에서 봉사하는 길로 마음이 향할 수 있고 환경을 위한 더 많은 일을 하게 될 수도 있다. 누군가는 시간 관리와 정리정돈 재능을 나누는 삶으로 나아간다.

삶은 자신의 가치관에 따라 흐른다. 본인이 가장 잘하는 길로 나아간다. 분명한 건 이 여정에서 나 자신을 가장 잘 알게 되는 선물은 누구에게나 주어진다는 것. 나에게 가장 어울리는 방식으로 지내면 그만이다. 틀린 길은 없다.

나는 지금의 생활 방식이 가족에게 잘 맞고 내게도 좋다. 어느 하나 크게 이룬 것이 없을지라도 지금의 삶이 참 좋다. 나로서 엄마로서 아내로서 균형을 유지하는 어설프고 어렵기도 한 지금의 생활 방식을 계속하는 이유는, 부단히 애쓰는 마음을 통해 내가 성장하고 있음을 느끼기 때문이리라. 균형 있게 조금씩 챙기는 삶에서 나 자신을, 아이들을, 남편을 사랑하는 마음이 표현되기 때문이리라.

내가 진짜 원하는 삶이 어떤 것인지 깨닫게 해준 이 생활 방식이 참으로 좋다.

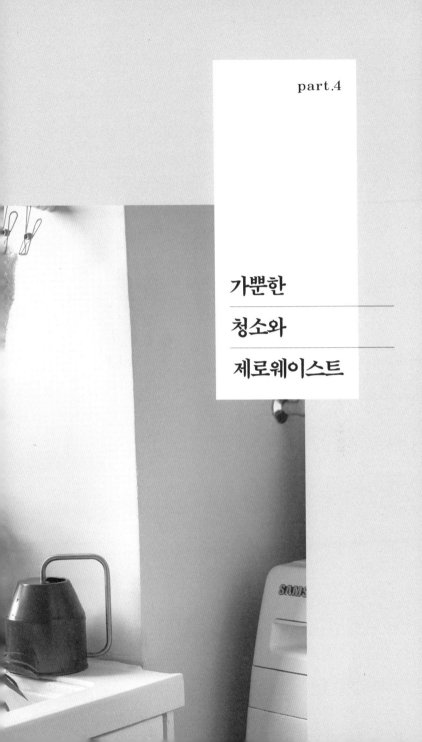

part.4

가뿐한

청소와

제로웨이스트

미니멀 라이프를 향한 길은
단정하고 깨끗하지만은 않다.

비워지고 어질러지는 과정이 반복되지만
나와 가족의 공간에 집중하다보면

어느새
우리와 닮은 삶에 닿아있다.

청소와
친해질 수 있을까

청소에 대한 좋은 정보가 차고 넘치지만 그 정보가 내 삶에 잘 녹아있나 하는 것은 정보력과 또 다른 문제다. 나는 그동안 아는 것에서 그치고 말았던 이전의 일상에서, 청소를 삶에 자연스러운 루틴으로 만들고 싶었다. 그래서 나의 청소 이야기는 공간을 깨끗이 하는 방법이라기보다 하나씩 실천하며 노력하는 날들의 이야기에 가깝다. 때로는 청소가 어처구니없이 진지하다가도, 때로는 오락처럼 느껴지는 순간도 있었지만 분명한 건 이러한 여정을 통해 나다운 청소 루틴을 만들 수 있었다는 거다.

나는 청소를 좋아하지 않았다. 흐트러진 물건을 보면 각을 맞추고 싶다거나 먹은 그릇을 바로바로 설거지해야 하는 깔끔함과는 거리가 멀었다. 물론 더러운 것을 좋아하는 사람은 없을 테니 나 역시 더럽지 않을 만큼 적당히 청소를 하고 지냈다. 어쨌든 나는 욕실 청소로 스트레스를 푼다는 누군가의 이야기에 공감하지 못했고 청소를 잘하기 위한 노력에 대해서 생각해본 일이 없다. 그러나 미니멀 라이프를 실천하며 물건을 비우고 채우는 과정에서 청소는 필수였으니. 내 기억에 청소와의 만남이 시작된 날은 비움을 실천한 날이었다. 비울 공간에서 물건을 모두 꺼내놓고 빈 공간을 마주하며 행주로 스윽-쓱 닦았던 기분이란! 그렇게 청소가 내 삶으로 들어왔다.

문득 이런 생각이 들었다. 내가 청소와 멀어진 건 청소하기 위해 물건을 옮기거나 치워야 하는 번거로움 때문 아니었을까. 나의 공간이 청소하기 불편한 환경이어서 그런 것은 아니었을까. 청소는 나에게 잘못한 것이 없었다. 그럼 어디서부터 어떻게 청소해야 하는 걸까.

그 당시 나는 비움을 막 시작하는 단계여서 청소마저 잘 해내고 싶은 마음은 없었다. 못해도 좋으니 습관처럼 자연스럽게 일상처럼 청소를 시작하길 바랐다. 청소가 더 이상 귀찮은 일, 미루고 싶은 일이 아니라 '가벼운 일'이 되어 시작이 가뿐하다면 청소 습관을 기대해볼 수 있지 않을까.

시작을 가볍게 해주는
5분 청소

'어떻게 하면 가벼운 마음으로 청소를 시작할 수 있을까.

딱 5분만 청소해볼까? 더는 안 해! 딱 5분만 해보는 거야.'

코웃음이 났다. 5분이면 해볼 만하지 뭐. 타이머를 맞추고 '5분 청소 게임'을 해보는 것으로 청소의 첫 시동을 걸었다. 다들 경험이 있을 것이다. 뭐든 시작이 어렵지 일단 시작하면 가속도가 붙는다는 것을. 시작이 반이라는 것을.

가장 만만해 보이는 침실 청소를 첫 번째 게임으로 정했다. 타이머를 맞추고 침실 청소 시작! 게임이라 생각하니 다다다닥 나도 모르게 창가로 달리듯 걸어갔다. 커튼과 창문을 열고, 잠옷을 정리하고, 이불은 누울 때 바로 끌어다 덮을 수 있게 반으로

접어놓았다. 틈틈이 타이머를 보며 남은 시간을 체크하니 박진
감 넘치는 게 괜스레 재밌다. 게다가 청소가 되고 있지 않은가.
침대 위 머리카락과 먼지를 간단히 제거하고 후다닥 달려가 타
이머를 멈췄다.

'좋았어. 4분 20초!'

아주 작은 만족감이 생겼다. 만족감보다 그저 재미있었다는 표
현이 더 맞을지 모른다. 이러나저러나 성공이다. 난 즐겁게 청
소를 시작하고 싶었으니까.

가볍게 시작한 5분 청소는 5분 청소로만 끝나지 않았다. 5분만
침실 청소를 하자고 시작했는데 어느새 집안을 정리정돈 하고
청소기까지 돌리게 되었다. 시작이 가벼울 수만 있다면 나처럼
청소가 서툰 사람도 할 수 있겠구나. 내가 경험한 작은 변화를
'5분 청소의 마법'이라고 생각했다. 조금 유치하지만 나에겐 마
법이었다. 나에게 청소는 언제나 '다음에, 조금 이따가' 하는 것
이었으니까. 오전 10시, 예전의 나였다면 아이들이 등원 후 전
쟁 같던 등원 시간을 보상이라도 받듯 텔레비전을 보며 웃고 있
었을 시간이니까.

시작이 좋았던 5분 게임. 다음 날 다시 해보았다. 난이도를 높여서 현관 바닥 청소를 하기로. 현관은 청소한지 꽤 되어 모래알이 상당했고 정신없이 벗어놓은 신발도 많았다. 결과적으로 현관 5분 청소는 실패했다. 현관 청소를 하기 위해 유모차를 정리하고 신발을 제자리에 넣는 등 물건을 치우는 데에만 속절없이 시간을 흘려보냈다. 현관 바닥은 생각보다 묵은 때가 있었다. 베이킹소다를 뿌리고, 솔로 살살 문지르고, 행주로 닦는 등 수고스러운 작업을 반복해야 했다. 당연히 5분이 훌쩍 넘은 시간에 청소를 마쳤지만, 5분에 맞춰진 타이머를 잊고 20여 분을 즐겁게 청소했다.

작은 면적이라도 완벽하게 깨끗해진 공간을 바라보는 만족감은 상당했다. 시작을 가볍게 만들어주는 5분 청소 게임. 청소와 친하지 않아도 속는 셈 치고 꼭 한번 해봤으면 좋겠다.

나에게 적당한 청소 시간 찾기

만만한 5분 청소거리를 찾다 보니 짧은 시간에 청소를 마칠 수 있는 공간이 생각보다 많았다. 금방 어질러지기 쉬운 아일랜드 식탁을 치우는 일, 거울의 손자국을 닦는 일, 새 침구로 교체하는 일, 화장실 세면대와 수전을 반짝이게 닦는 일, 설거지 후 마른 그릇을 정리하는 일…. 귀찮게 생각했던 청소거리가 사실 시간이 얼마 걸리지 않고 금방 할 수 있는 것들이었다. 청소할 마음이 생기지 않거든 작은 공간을 빠르게 닦아나가며 시작하면 남은 공간의 청소가 수월하다.

5분이 만만해지면 금세 10분도 괜찮아진다. 그리고 20분까지도 너끈히 즐거이 청소할 수 있는 마음이 생긴다. 나는 40분까지 괜찮더라. 일주일에 한 번, 혹은 한 달에 한 번 정도 집안을 꼼꼼히 청소하는 날도 40분을 넘어가는 일이 없다. 그 이상은 청소하기 싫어지는 게 문제라면 문제. 나에게 청소는 40분 이내가 적당하구나.

내가 긍정적으로 느끼는 청소 시간을 확인하고 나니 청소 시간을 조절할 줄 알게 되었다. 누군가는 그냥 하면 되지 무얼 그리 생각하느냐 하겠지만, 내 생각은 다르다. 불만 가득 솔질을 하느니 조금이라도 가볍게 청소를 시작하는 나다운 방법을 찾는 편이 훨씬 내 삶에 이득이니까.

하는 김에 청소

5분 청소에 익숙해지니 청소가 미루고 싶은 일처럼 느껴지지 않았다. 청소에 요령이 생긴 걸까. 나는 따로 시간을 내서 하는 청소 말고 '하는 김에' 청소를 계획하기에 이르렀다. 가령 이런 식이다. 세수하는 김에 세면대를 닦고, 화장실 가는 김에 변기를 청소하고, 분리수거를 하고 들어오는 길에 현관을 청소하고. 그러다 중문 창을 마주하면 창을 닦는 날도 있다.

하는 김에 청소를 하려면 청소도구는 적재적소에 배치되어 있어야 좋다. 일부러 청소도구를 가지러 가야 한다면, 나라면 다음으로 미루기 일쑤겠지. 청소도구의 적당한 자리에 대해 생각해본다. 이렇게 하나씩 청소와 가까워지며 나의 몸과 마음은 청소가 귀찮은 일이 아니라고 할 만하다고 받아들이게 되었다.

'이거 5분밖에 안 걸리잖아. 하는 김에 해버리자.'

청소를 싫어했던 내가 이제는 언제든 기꺼이 시작할 수 있는 마음을 장착해 나갔다. 내가 청소에 대한 부정적인 마음을 덜어내고 청소 습관을 가질 수 있었던 건 8할이 청소의 무게를 가볍게 해준 즐거움 덕분이다.

나의 첫
청소 체크리스트

청소에 대한 마음이 편해지니 생각날 때, 눈에 띌 때 중구난방으로 청소하는 게 아닌 체계적인 계획을 세워서 청소하고 싶은 마음이 생겼다. 그래야 청소하고 싶은 곳만 하거나 하기 싫은 곳은 건너뛰는 일이 줄어들 테니까. 요령도 그 일에 능숙한 사람이 피울 수 있듯이 게으른 내가 요령을 한껏 피우기 위해서라도 시작만큼은 계획적으로 잘하고 싶었다. 그래서 시작한 것이 청소 체크리스트 작성하기. 나의 일상을 찬찬히 바라보며 라이프 스타일에 맞게 체크리스트 항목을 쓰고 지우고를 반복해 가까스로 나흘 만에 나의 첫 청소 체크리스트를 완성했다. 하루하루 청소하고 체크해가며 내게 무리 없는 청소 루틴을 찾아 목록은 알아서 추가되고 삭제된다. 그러니 처음부터 나처럼 나흘씩이나 힘주어 리스트를 작성하지 않아도 된다.

매일 청소	매주 청소
먼지 제거	화장실(꼼꼼 청소)
침대 정리	시트와 이불 세탁
청소기 돌리고 필터 털기(격일)	소파 손질
물걸레질(격일)	카펫
현관 쓸고 닦기	주방(꼼꼼 청소)
세면대(간단 청소)	냉장고(간단 청소)
욕실(간단 청소)	세탁실 바닥
변기 주변(간단 청소)	
싱크대 배수구와 거름망	매월 청소
행주 표백	세탁조
	식기세척기
	창틀
	레인지후드

그래도 나흘의 고민이 헛수고는 아니었다. 할 일의 목록들이 줄 지어 나를 기다리는 것이 아닌, 내가 해야 할 일을 고민 없이 시 작할 수 있는 가이드가 생긴 느낌이었다. 나의 청소 체크리스트 는 2년이 지난 지금 다소 간결해졌다.

청소 체크리스트 과연 좋을까

이상하게도 청소를 할까 말까 고민하는 순간에 꼭 재밌는 딴짓들이 눈앞에 보이지 않나. 집안은 청소 말고도 내 손을 필요로 하는 일들이 끊임없이 일어나는 마법의 공간이니까. 그럴 때 체크리스트는 썩 괜찮은 나침반이 되어준다. 오늘의 할 일을 하고 나면 오히려 내 시간이 생기는 느낌. 청소가 벅찬 느낌이 든다면 체크리스트를 점검하고 수정해나가면 된다. 나는 완벽한 청소보다 내가 육아, 일, 집안일을 잘 소화해낼 수 있는 범위 안에서 하려고 했다.

체크리스트를 작성하니 내게도 루틴이 보이기 시작했다. 오늘 해야 할 청소가 있고 청소 시간도 웬만큼 파악되니 오전에 하면 좋은 청소, 저녁에 해야 할 청소, 틈새 시간에 해치울 청소 등이 눈에 보였다. 청소 습관이라는 게 무엇인지 조금씩 가닥이 보이는 것 같았다. 나의 청소 루틴을 잡아나갈 수 있을 것 같다는 희망의 빛줄기를 본 느낌이랄까. 몇 달간은 공들여 리스트를 작성해 성실하게 실천하다가 1년 후 리스트 없이 자연스럽게 청소하게 되었다. 정석 같은 다소 딱딱해 보이기까지 한 청소 체크리스트는 훌륭한 가이드 역할을 해주고 장렬히 폐지가 되어 떠났다.

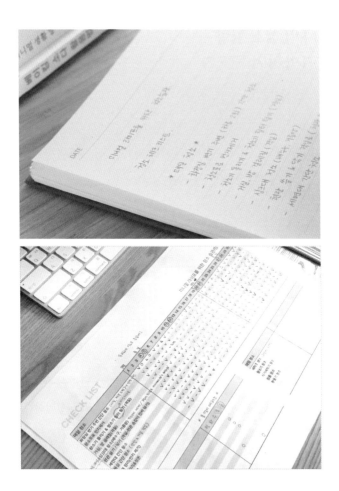

171

나의 청소 성향
파악하기

체크리스트를 채우는 재미로 잘 지내고 있던 어느 날, 깊은 숨을 내쉬며 수첩과 펜을 챙겨 들고 책상 앞에 털썩 앉았다. 청소 습관을 잡으려 애쓴 지 한 달이 되던 날이었다. 잘하는 날엔 물론 잘했다. 하지만 주부이면서 집에서 일하고 있으니 밤을 새우고 서너 시간 자며 일해야 하는 날에는 생활의 균형이 깨지며 최소한의 청소를 한 날들이 지속되기도 했다. 그럼 어김없이 집안은 어수선하고 치울 것들은 쌓여갔다.

물론 당연히 그럴 수 있다. 매일 해야 하는 집안일을 항상 잘해야 하는 강박을 가질 필요는 없으니까. 모두 다 잘 해낼 수 없으니. 그래도 집안이 어수선하니 마음이 편치 않더라. 숙제를 안 한듯한 찜찜함을 해결하고 싶었다. '더 잘하자' '더 부지런해지자'가 아닌 요령을 찾고 싶었다.

한 달간 체크한 청소리스트를 바라보았다. 늘 빠지지 않고 했던 청소, 바쁘면 어김없이 미루게 되는 청소 등 형광펜으로 그으며 나의 청소 성향을 파악해 보았다. 패션에만 스타일이 있나, 게 으름에도 스타일이 있다. 나를 제대로 알면 게으름도 극복할 수 있지 않을까. 나의 청소 패턴이 보였고 게으름의 원인이 무엇이 었을지 생각나는 대로 적어 보았다. 내가 바빠도 최소한의 청소 가 가능했던 곳은 어디였는지, 왜 그나마 청소할 수 있었는지 메모하다가 원인을 찾는 데 사실 5분도 채 걸리지 않는다. 이래 서 난 기록이 좋다. 어떤 형태의 기록도 다 좋아한다. 낙서까지 도. 머릿속에 둥둥 떠다니는 생각을 적으면 적는 대로 눈에 보 이고, 눈에 보이니 판단하게 되고, 판단하게 되니 좋든 싫든 해 결책을 적어 내려가며 마침표를 찍게 된다.

청소가 습관이 되려면 나의 생활과 청소 성향을 돌아보는 시간 이 필요하다. 그래야 같은 청소법이라도 내 생활에 맞게 적용하 고 습관을 만드는 데 수월할 테니까. 나는 지난 10년간 제품 디 자이너로 일하며 사람, 공간, 상황에 대한 관찰이 삶을 더 의미 있고 가치 있게 만들어 준다는 걸 알고 있었다. 나의 작지만 큰 세계, 우리 가정 안에서도 별반 다르지 않다는 걸 작은 습관을 만들어나가며 또 한 번 느끼고 있다.

나의 청소 패턴을 보면 크게 '자주 하는 청소'와 '미루게 되는 청소'가 한눈에 파악되었다. 여기에 내 마음을 늘 찜찜하게 하는 '꼭 해야 하는 청소'도 함께 분류해 보았다. 꼭 해야 하는 청소는 가정마다 본인의 기준마다 다른데, 이것을 분명히 인지하는 것과 미루게 되는 이유를 아는 것만으로도 찜찜함을 덜 수 있다.

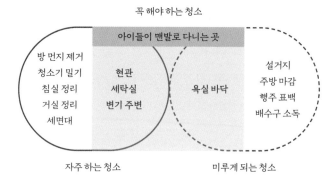

여기서 중점적으로 봐야 하는 건 내가 '자주 하는 청소'. 장점으로 단점을 극복하며 지내는 게 여러모로 훨씬 효율적인데, 이건 청소에도 적용된다. 자주 하는 청소를 보면 내가 청소하기 좋은 환경이 보이고 이를 청소 습관을 들이는 나만의 팁으로 연결할

수 있다. 나의 경우 자주 청소할 수 있었던 이유는 '우선순위, 적은 시간, 적은 물건, 좋은 기분'이었다. 네 가지 키워드를 중심으로 다시 청소 습관을 잡아나가기 시작했다.

- 청소 안 할 수 없는 공간(우선순위)
- 물건이 적고 1분 청소로 쉬운 공간(적은 물건, 적은 시간)
- 좋아하는 공간(좋은 기분)

왜 청소가 안 되는지 이유를 찾기보다 내가 자주 청소할 수 있었던 이유를 찾으면 다른 청소도 수월하게 할 수 있다. 너무 당연한 얘기일까? 그렇게 생각한다면 다행이다. 당연하기에 해볼 만할 테니까. 나는 청소를 이렇게 시작했고 지금까지 유지하고 있다. 내겐 청소를 하기 위한 대단한 의지보다 편안한 시작이 무엇보다 도움이 됐다.

대청소란 나에게 무거운 숙제다.
그래서 묵은 때를 제거하는 대청소가 아닌,
새로운 날들을 위한 대청소를 하자고 다짐한다.

앞으로 매일 간단 청소가 수월하도록
날마다 무리하지 않는 청소를 위해서.

일주일에 한 번,
한 달에 한 번,
청소를 가뿐히 해내기 위해서.

청소습관
만들기

첫 번째. 청소 습관을 우선순위로

일단 청소 습관을 만들고 싶다면, 당분간은 청소를 우선순위에 두어야 한다. 청소에 온종일 매달리라는 얘기가 아니다. 청소에 많은 시간을 투자하자는 것도 아니고. 다만 내가 좋아하는 시간에, 집중할 수 있는 시간에 청소를 우선으로 해보자는 것. 이러다가 평생 청소가 우선이 되는 것 아닐까라는 생각은 안 해도 괜찮다. 오히려 습관이 되어 결심하지 않고도 청소를 시작할 수 있는 일상을 만들게 될 테니까. '그냥 하면 되지 굳이'라고 생각하는 사람은 나처럼 게으른 사람이 아닐 거다. 계획이 필요 없이 분주한 공간을 보면 일단 치우고 보는 사람의 집은 아마도 이미 깨끗하지 않을까. 그런데 난 어질러진 곳을 보고 눈감을 수 있다. 미룰 수도 있고. 집안일이라는 게 청소 말고도 할 게 얼마나 많은지. 그래서 나는 청소 습관을 우선에 두어야 했다.

내가 새벽 기상을 처음 시작했을 때 나의 최우선순위는 청소 습관이었다. 그 당시 나는 눈 뜨고 일어나 가장 먼저 십여 분간 밀대로 먼지를 닦았다. 이게 시작이었고 전부였다. 이후 내가 좋아하는 일(명상, 독서, 운동)을 한 뒤 집중해서 꼭 해야 할 청소를 30여 분 동안 했다. 두 아이를 늦은 시간까지 혼자 돌보는 경우가 많아 저녁에는 많이 지쳐있는데, 그래서 미루기 일쑤였던 저녁 청소의 일부를 청소하기 좋은 오전으로 옮겼다. 그랬더니 청소를 미루지 않을 수 있었고 숙제를 마친 기분으로 남은 하루를 조금 더 편하게 보낼 수 있었다.

사람마다, 사는 환경에 따라 다른 모습으로 청소를 해나간다. 청소에 들일 수 있는 시간도 다르겠지만 청소를 우선순위에 두는 마음은 누구나 할 수 있다. 오전에 20~30분만 청소에 시간을 할애할 수 있다면 청소 때문에 찜찜했던 마음을 덜 수 있을 것이다. 하나씩 천천히 하고 싶은 일들을 우선순위에 두는 습관을 갖는 것, 내가 망설였던 모든 것을 할 수 있는 시작인 셈이다.

두 번째. 청소하기 쉬운 환경 만들기

청소 습관은 자신이 청소하기 쉬운 곳에서 만들어진다. 나의 경우 자주 청소하는 곳을 보니, 물건이 적은 공간을 빼먹지 않고 청소해왔다. 난 그래서 물건이 적은 것이야말로 청소 습관을 들이기에 중요한 요소라고 생각한다.

설거지를 쌓아두고 하려는 성향만 봐도 알 수 있다. 플라스틱 그릇 10여 개를 비워 그릇의 수를 줄이니 설거지가 훨씬 수월해졌다. 그릇을 헤프게 사용하고 설거짓거리를 쌓아두는 습관에서 식사 후 바로 설거지하려는 마음이 이때 비로소 생겼다.

바닥이나 테이블에 물건이 놓여있지 않을수록 청소가 쉽다. 청소하기 위해 물건을 치우는 번거로움을 애초 없애는 것이다. 물건이 놓이지 않은 곳은 시각적으로 심리적으로 시간적으로 청소하기 좋다. 그러기 위해서는 불필요한 물건을 비우고 수납장에 보관하거나 걸어서 수납하는 '공중부양' 방법을 생각해볼 수 있다. '공중부양'은 물건을 지면에 닿지 않게 공중에 띄워 보관하는 것을 말한다. 미니멀 라이프를 실천하는 사람들과 정리정돈을 잘하는 주부들 사이에서 흔히 쓰는 방법으로 청소와 정리를 수월하게 해준다. 나는 주로 집안의 물건에 걸거나 벽에 부

착하는 기본적인 방법을 활용한다.

물건이 쌓이지 않게 하려는 습관 자체가 곧 청소 습관을 만들어주기도 한다. 청소하기 쉬운 환경을 만드는 것이니까. 물건이 쌓이기 쉬운 식탁, 아일랜드 싱크대, 화장대 등 물건 하나가 쌓이면 계속 쌓게 되는 곳을 꼭 정리해야 하는 곳으로 가족들과 정해두면 집안 청소가 훨씬 수월해진다.

세 번째. 기분 좋게 청소할 나만의 장치 만들기

청소를 좋아하지 않는다면 청소를 하고 싶다는 생각이 쉽사리 들지 않는다. 과연 청소가 좋아서 하는 사람이 얼마나 될까. 청소도 요리도 잘하는 지인이 있는데 그녀가 '난 청소를 좋아하지 않는데 해야 되니까 그저 할 뿐이야'라고 말해 적잖이 놀랐다. 물론 그녀는 워낙 깔끔한 성격의 소유자이긴 하다. 틈틈이 흐트러진 책들의 각을 맞추고 물건들의 행과 열을 맞추곤 하니까. 그래도 청소가 좋아서 하는 일은 아니라니. 그녀도 늘 반복되는 집안일에 벗어나 자신만의 시간을 원했다.

아무튼 청소 습관을 만들기 위해서는 청소하도록 나를 움직이게 하거나 청소해야겠다는 마음이 들게 하는 장치가 필요하다. 지인의 경우 의무감이었고. 나의 경우에도 몇 가지 장치가 있었다.

1. 나는 정리가 잘 된 공간을 바라보면 동기부여가 됐다. 청소가 귀찮아 그렇지 단정하게 정리된 공간은 나도 좋아한다. 마음이 편안해지니까. 나는 주방 청소를 귀찮아하지만, 정리된 거실을 바라보면 어질러진 주방을 정리하게 된다. 그래서 무슨 일이 있어도 거실만은 꼭 정리를 한다. 잠들기 직전까지 아이들이 집안을 어지르더라도 거실만은 가족의 공용 공간이니 꼭 같이 정리하고 잘 수 있도록 한다. 청소를 위해 스스로 동기부여가 되는 나만의 정리된 공간 하나쯤은 꼭 만들어보라고 말하고 싶다. 공간의 크기는 상관없다. 나는 식탁 위만 정리돼도 그렇게 좋더라. 작은 공간이어도 내 마음이 편안해지는 곳이라면 오케이.

2. 청소 시간을 확인해보는 것도 가뿐하게 청소를 시작할 수 있게 해주는 요소다. 내가 하려는 청소가 생각보다 오래 걸리지 않고, 적은 시간으로 많은 곳을 청소할 수 있다는 걸 확인해보는 거다. 몇 번만 타이머를 옆에 두고 청소해보면 단번에 알 수 있다. 청소에 대한 긍정적인 경험을 만들어나가는 게 중요하다. 부담 없는 짧은 청소 시간 말고도 '내가 즐겁게 청소할 수 있는

최대의 시간'을 생각해보면 좋다. 나는 야속하게도 40분까지만 즐겁게 청소할 수 있었다. 그럼 40분까지 즐겁게 하고 마치면 된다.

3. 나만의 요일별 청소 루틴을 만들어보자. 매일 정리정돈해야 하는 곳 외에 일주일에 한 번 정도 꼼꼼한 청소가 필요한 곳의 청소 루틴을 난 이렇게 정했다. 월요일은 가볍게 청소를 시작하고 싶으니 침구를 세탁한다. 세탁은 그래도 세탁기가 하는 거니 조금이라도 여유 있는 일주일을 시작할 수 있도록. '화(火)'요일에는 불을 사용하는 주방 청소를 하고, '수(水)'요일에는 욕실 청소를 한다. 군이 생각하지 않아도 '수요일에는 욕실 청소지'라고 떠오를 수 있도록. 목요일에는 냉장고 정리 및 청소를 한다. 평일의 마지막인 금요일은 왠지 지치는 날이니 부담이 적은 소파와 카펫 관리를 하기로 정했다.

이 또한 40분이 넘어가지 않을 만큼의 청소만 한다. 주방 청소를 예를 들면 한 달에 화요일은 네 번이니 네 번에 나누어 주방 전체가 꼼꼼히 청소될 수 있도록 영역을 나눈다. 하루에 다 하려 하지 않는다. 한 번은 싱크대 벽면이나 문짝을 신경 써서 청소하고, 한 번은 싱크대 안쪽 청소와 정리를, 한 번은 주방 가전이나 레인지후드를, 한 번은 주방 수납장을 살핀다. 이렇게 한 달 동안 크게 한 바퀴만 돌며 살펴도 충분히 청소가 된다. 나에게 맞는 즐거운 청소 루틴을 만들어나가는 것이 나답게 꾸준히 청소를 해내는 방법이 될 것이다.

4. 청소에 기분 좋은 향을 더하는 것. 내가 가장 애정하는 청소 아이템은 소독용 에탄올인데 여기에 꼭 레몬 에센셜 오일을 넣는다. 에센셜 오일은 여러 가지 종류가 있고 각각의 효능을 가지고 있는데, 특별한 효능이 아닌 향에서 심신의 활력을 얻는 것만으로도 충분하다. 레몬 에센셜 오일을 넣은 에탄올을 행주에 분무하고 식탁, 싱크대, 주방 가전 등 어느 곳이든 닦는다. 레몬을 잘라서 에탄올이나 소주에 넣어 숙성시키는 등 다양한 방법으로도 만들어 사용해보았는데 결국에 에센셜 오일을 넣는 것으로 정착했다. 단순하고 간편한 한 가지 방법으로 늘 사용하고 있다.

최근에는 욕실 청소에도 에센셜 오일을 사용한다. 물에 천연 세제를 넣고 에센셜 오일 몇 방울을 떨어트린 후 섞어서 청소물을 만든다. 좋은 향이 퍼지니 청소하는 내내 기분이 좋다. 이렇게라면 욕실 청소도 즐거울 수 있겠다 싶었다. 이처럼 하나씩 청소에 대한 좋은 경험을 발견하다 보면 청소는 더 이상 싫어하는 일이 아니게 된다.

5. 청소 순서를 리듬감 있게 하는 것. 청소를 시작하기 전에 생각한다. 어떻게 하면 같은 시간에 조금 더 효율적으로 청소할 수 있는지. 그럼 시간을 낭비하지 않는 리듬감 있는 흐름으로 진행하면 된다.

내가 좋아하는 거실 창 청소 루틴은 이렇다. 커튼 세탁 → 유리창 청소 → 창틀 청소 → 커튼 걸어서 말리기. 커튼이 세탁되는 동안 청소를 하다가 마칠 때쯤 세탁 종료 멜로디가 울리면 어찌나 좋은지. 깨끗해진 창에 새하얀 커튼이 세트로 깨끗해졌으니 좋고. 욕실 청소 시에도 가장 처음에는 때가 많아서 불려둬야 하는 것부터 시작한다. 샤워 호스를 탄산소다에 담가둔다든지, 물 때 많은 곳에 구연산수를 듬뿍 뿌리고 때가 부는 동안 다른 곳을 먼저 청소하는 등의 시간의 공백을 줄이는 리듬감 말이다. 청소를 잘한다면 이미 몸에 익었을지 모르는 이 기본들에서 나는 여전히 즐거움을 느낀다. 기분 좋게 청소할 나만의 장치는 이렇게 소소한 것에 있었다.

"엄마! 이거 내가 흘린 거야?"
"그래, 네가 흘린 거란다."

앞으로 흘린 건 스스로 닦기로 했다.

"살림 노하우는
어디서 얻나요"

나의 경우 좋은 살림 노하우를 발견하면 사용하는 물건보다 방법에 더 관심을 두고 살펴본다. 어느 경우든 물질적인 것보다 방법, 태도, 지혜, 마음을 따르려 할 때 나의 살림력이 향상되는 걸 느낀다. 그래서 좋은 살림 노하우를 발견하면 바로 집에 적용하기보다 방법을 확인하고 우리 집 환경에 적용하기 위해 활용할 수 있는 것을 시간을 두어 생각하는 편이다.

밀린 일과 육아에 매달리다 보면 살림에 소홀해지는 날이 있기 마련인데, 그럴 땐 효율적인 살림을 위한 고민보다는 기본을 잘 해나가자는 생각으로 지낸다. 기본으로 지낸 꽤 긴 날들 사이에서도 조금의 여유가 생기는 날이면 유레카처럼 살림의 팁들을 발견하게 될 때가 있다. 꽤 즐거운 마음이 드는 순간.

신기하게도 팁이라는 건 거기서 그치는 게 아니라 살림 여기저기에 적용하게 되는 재미로 이어진다. 발견하는 기쁨은 마치 보물 같아서 살림이 좋아지는 날을 만나기도 하고, 왠지 나도 잘할 수 있을 것 같은 작은 희망을 보기도 한다. 그럼 되었다. 난 모든 것을 작디작은 희망에서 시작했으니.

수납도 마찬가지. 해마다 좋은 수납 용기가 새로 출시되니 보기좋은 용기만을 좇다가는 수납 용기로 집이 채워질 수 있다. 불필요한 물건을 비우고 내가 관리할 수 있는 물건만 소유하게 되면 수납 용기 없이도 물건의 자리는 있기 마련. 좋은 디자인의수납함도 사려면 얼마나 품이 들던지. 그렇다고 이미 있는 수납함을 애써 비울 필요는 없다. 살림 환경은 해마다, 성장하는 아이들에 따라, 나의 살림력에 따라 달라지며 주방에서 좋은 역할을 했던 정리함이 어느 때엔 아이 방에서 좋은 용도가 되어주기도 하니까.

한때 주방 정리정돈을 잘하는 여러 가지 노하우가 유행처럼 번졌던 적이 있다. 틈새 활용을 위한 방법들이 주를 이루었는데,신박할 정도로 좋은 물건들이 많았다. 주방 공간을 효율적으로사용할 수 있고 주방 살림을 하기에도 편해 보이는, 괜찮은 물건들이 많이 소개되었다. 나도 관련 정보를 한참을 들여다보았다. 마치 같은 물건을 사용하면 수월하게 주방 살림을 할 수 있을 것만 같았기 때문이다. 그런데 아무리 시간을 두고 요리조리 살펴보아도 훌륭한 수납장이 필요한 물건은 내게 그리 많지 않았다. 우리 집 주방 도구들은 각자의 자리가 있었기에 따로 물건을 사서 자리를 만들어줄 필요가 없었다. 딱 필요한 물건만 가지고 있으면 정리와 수납에 공들일 필요가 없다. 고리 한두 개로도 활용도 높은 공간을 만들기에 충분하다. 살림력이 부족한 사람일수록 신박한 정리 용기를 늘리기보다 불필요한 물건을 줄이는 게 좋다.

가족 수 대비 주방이 작은 경우는 이야기가 달라지겠지만 일단 무언가 구입하기 전에는 불필요한 물건은 더 이상 없는지, 대체할 방법이 있는지 생각해본다. 나는 몇 번의 작은 비움 끝에 싱크대 문짝에 붙이는 접착식 고리 서너 개를 주방 살림을 위해 붙여두었다. 이것이 전부다. 꽤 훌륭하다고 말할 수 없지만 충분하다. 수납 용기를 꼭 사야 한다면, 이때만큼은 살림력이 훌륭한 주부들의 주방을 엿본다. 물건 고르는 그녀들의 안목과 센스는 훌륭하다! 그만큼 오래 잘 사용할 물건을 선택하는 것은 쉬운 일이 아니다.

때론 재활용하는 것이 단순하고 손쉽고 유용할 때가 많다. 반 듯하고 유사한 색상의 박스를 재활용하면 시중에 파는 수납 용기 못지않게 단정한 공간을 만들 수 있다. 박스 그대로 사용해도 좋지만 때론 용도에 따라 내용물이 잘 보이게 높이를 다르게 잘라도 좋다. 공간에 변화를 주는 요소가 되기도 하니까. 물건을 사면 담아주는 미색 종이봉투도 잘 활용하면 깔끔한 수납 용기를 대신하기에 충분하다. 이때 봉투의 밑 부분에 구멍을 뚫어 손잡이 끈을 달아주면 높은 곳에 올려두어도 쉽게 꺼낼 수 있다. 불투명한 플라스틱 우유 용기도 재활용하기에 좋다. 적당히 불투명하고 보기에도 좋은 색상이라 어느 곳에 두어도 구입한 것 못지않게 단정한 공간을 만들 수 있다.

청소용 용기를 찾기 전에 식재료가 담겼던 탄탄한 지퍼백을 재활용하면 또 얼마나 좋은지. 청소도구가 물에 잠길 만큼만 물을 붓고 세제를 넣어 몇 분간 방치하거나 지퍼백을 닫아 흔들어준다. 헹굴 때도 입구를 좁혀서 흔들면 손에 물 한 방울 안 묻히고 청소도구를 세척할 수 있다. 지퍼백도 세척, 건조 후 접어서 보관하면 자리를 안 차지하고 좋다. 알고 보면 활용이 참 무궁무진한 재활용의 세계다.

눈에 보이는 것부터
내가 할 수 있는 것부터 했을 뿐인데
점점 가정 안에서 친환경을 위한 영역은 넓어진다.
꽤 기분 좋은 변화다.

이 작은 변화를 느낀다는 건
결과가 쉽게 보이지 않는
오랜 여정 중에 만나는 단비 같다.

제로웨이스트
실천 루틴

나의 제로웨이스트는 아쉽게도 우리 아이들이 살아갈 건강한 날들과 환경을 위한 간절한 마음에서 시작한 것은 아니었다. 미니멀 라이프 여정을 시작하면서 간결한 삶을 지향할수록 환경을 생각하는 삶에 가까워진다는 걸 깨닫고 시작하게 되었다. 물건을 비우는 일은 결국 쓰레기를 만드는 일이기도 하며 하나의 물건을 신중히 채우는 일은 쓰레기를 덜 만들려는 노력과도 맞닿았기에 미니멀 라이프와 제로웨이스트는 떼려야 뗄 수 없는 관계 속에 있었다.

그러는 와중에 마침 환경에 관한 다큐멘터리를 보게 되었는데, 그날만큼은 고통받는 해양 동물들을 쉽게 쳐다볼 수가 없었다. 마음이 동한다는 게 이럴 때 쓰는 것일까. 마음이 아팠던 날. 그

날로 바로 적극적으로 실천해보기로 작은 다짐을 했다.

나는 천천히, 하나씩, 꾸준히, 자연스러운 일상이 되도록 환경을 위해 행동하는 길을 선택했다. 미비할 수 있으나 작은 일상이 모여 내 삶이 되기에 작은 걸음도 긍정적으로 생각하기로. 완벽할 수 없음에 속상해하기 보다 하나의 실수가 있다면, 다른 하나의 실천을 해보는 나름의 가벼운 규칙을 정했다. 커피를 마시며 일회용 컵이 발생했다면, 텀블러를 깜빡 못 챙긴 점을 탓하는 대신 일회용 컵을 제습제 담는 용기로 활용하면 괜찮다는 식으로. 마음의 불편함을 덜어내면서 꾸준히 실천해 나가는 나만의 작은 구실 하나쯤 만들기도 해보며 말이다.

꾸준히 할 수만 있다면, 소소한 과정에 즐거움이 동반될 수 있다면, 가벼운 마음으로 너도 나도 쉽게 동참할 수 있다면. 무겁고 무서운 결과로 하나둘씩 나타나는 환경재해 앞에 조금이라도 책임을 지는 것 아닐까. 3년 가까이 되는 제로웨이스트의 여정을 보내며 가볍게 꾸준히 실천하자는 생각에는 여전히 변함없다. 해가 거듭될수록 마음이 깊어지는데 불행히도 지구의 온도는 점점 오르고 있다. 이제 가볍게가 아닌 조금 진지하게 해야 할 때. 내가 무엇을 할 수 있을까?

눈에 보이는 것부터 시작하기

주방 싱크대 앞에 기대어 환경 다큐멘터리를 보던 날, 눈앞에 음식물 쓰레기가 담긴 비닐봉지가 보였다. 음식물 쓰레기통을 사두고도 제때 잘 비우지 못해 비닐을 또 사용하게 된 것. 다음 날 집안일을 시작하기 전에 음식물 쓰레기통을 가장 먼저 비우는 작은 행동부터 시작했다. 2년 반이 지난 지금은 미생물 음식물 쓰레기 처리기를 사용한다. 비닐 사용이 없을뿐더러 음식물 쓰레기 배출이 거의 제로에 가깝다.

시선을 돌려보니 쓰레기가 담긴 또 하나의 비닐이 보였다. 우리 집은 쓰레기통이 베란다에 하나뿐인데, 베란다로 나가기 귀찮아 작은 비닐봉지를 두거나 생선 가시, 닭 뼈 등을 담기 위한 또 다른 비닐을 쓰고 있던 것. 이때부터 버리려 모아둔 광고 책자, 전단지, 이면지 등으로 필요 시 주방에서 사용할 종이 쓰레기통을 접게 되었다. 비닐을 쓰지 않으려는 마음은 장을 볼 때 면주머니와 빈 통을 챙기는 수고로움으로도 기꺼이 이어졌다. 일단 눈에 보이는 것부터 하나씩. 어렵지 않은 실천으로 시작했고 자연스럽게 넓혀나가고 있다.

물건을 교체할 때가 되었을 때 친환경 물건으로 교체했다. 가랑
비에 옷 젖듯 자연스레 친환경을 실천하고 있는 나를 만나는 가
장 쉬운 길. 나의 경우 거품형 손 세정제를 다 쓰고 비누로 바꾸
는 게 시작이었다. 이를 계기로 세수, 샤워, 샴푸도 교체 시기에
자연스레 비누로 바꾸게 되었다. 욕실의 플라스틱 물건이 점차
비워지니 남아있는 플라스틱에 눈이 가는 건 당연지사. 그다음
플라스틱 칫솔을 대나무 칫솔로 바꿨는데, 칫솔이야말로 가장
먼저 교체하길 바라는 마음이다. 재활용되지 않아 일반 쓰레기
로 배출되는 칫솔은 교체 주기도 빠를뿐더러 가족 수만큼 가지
고 있으니 말이다. 한때(2014년 통계청) 환경오염의 주범으로 꼽
히기도 했다. 이처럼 씻는 용도의 물건만 플라스틱 용기를 사용

하지 않아도 한 달이면 많은 플라스틱 배출을 줄일 수 있다. 최근에는 기업의 노력으로 재활용 플라스틱으로 만든 용기를 사용하기도 한다. 그런 기업에서는 용기 제품과 비누 제품 모두를 판매하는 곳이 많으니 사용성이나 편리에 따라 선택하면 된다.

새로운 친환경 제품 사용해보기

호기심이 가는 제로웨이스트 용품을 사용해보는 것도 하나의 방법이다. 내가 시작할 당시 제로웨이스트를 검색해보면 대나무 칫솔, 천연 수세미, 소프넛이 가장 인기였다. 일상 속 소소한 실천 중 생경한 친환경 용품의 사용은 재미있는 경험이 될 수 있다. 천연 수세미와 소프넛은 호기심을 넘어 자연 그대로의 열매를 사용하는 것이기에 제로웨이스트 입문용으로 추천한다. 아크릴 수세미는 사용할수록 미세 플라스틱이 나오는데, 마침 교체 주기가 되어 천연 수세미를 구입하게 되었다. 살 때를 기다리는 재미도 쏠쏠하다. 왠지 친환경 제품이라 하면 불편함이 있을 것 같다는 생각에 이미 가지고 있던 일회용품이나 화학성분이 있는 세제들과 헤어지기 아쉬워 더 아껴 쓰게 되는 모습에 웃음이 나다가도. 마침 다 사용했을 때는 언제 그랬냐는 듯 친환경 제품을 사용할 설렘에 또 다른 웃음이 번진다.

천연 수세미는 말 그대로 식물 수세미로 만든 자연 그대로의 수세미다. 플라스틱 소재의 수세미를 대체하는 완벽한 수세미라고 생각한다. 사용한 지 2년 반이 지났지만 사용할 때마다 처음 사용할 때의 마음이 떠오른다. 주방의 중심에 천연 수세미가 걸려있는 한 친환경 생활에서 멀어질 수 없다. 나에게 초심을 알려주는 중요하고 좋은 느낌의 지표다. 자연환경의 영향으로 부드러운 수세미를 만나기도, 좀 더 단단한 수세미를 만나기도 하는데 아무렴 다 괜찮다. 단단한 것은 처음엔 좀 빽빽하나 오래 사용할 수 있고 부드러운 것은 처음부터 편히 사용 가능하나 그만큼 빨리 닳는다. 당연한 이치 아닌가. 난 오히려 이런 자연스러움 앞에 유해지는 마음을 배운다. 청소용과 샤워 스크럽용으로도 사용 가능한 천연 수세미를 난 참 좋아한다.

분 리 수 거 상 자 살 펴 보 기

다음 실천할 거리는 분리수거 상자에서 찾았다. 쓰레기를 보면 어떤 쓰레기를 줄여야 할지 보인다. 굳이 쓰레기 줄이는 방법을 검색하기보다 우리 집 쓰레기를 확인하는 게 가장 나답게, 우리 가정답게 제로웨이스트를 쉽게 실천하는 방법이 되리라. 처음에는 2주간 모은 비닐과 플라스틱을 펼쳐 놓고 바라보았다. 과자 봉지, 라면 봉지, 요플레 통, 음료수 병 등을 찬찬히 살피며 이번 주에 내가 할 수 있는 작은 실천은 어떤 게 있을지 생각해보았다. 나의 실천은 항상 이런 식이다. 내가 어떤 행동을 해야 할지 생각해보는 것에서부터 시작한다. 난 이때 처음으로 수제 요거트를 만들기 시작했고 아이들과 집에서 간단히 간식을 만들어 먹는 방법에 관심을 갖기 시작했다.

그다음 분리수거 상자에서 찾은 건 제습제, 주방 세제, 기저귀 봉지. 그때부터 염화칼슘을 구입해서 제습제 플라스틱 용기를 재활용하기 시작했고, 소프넛 열매를 구입해서 주방 세제로 사용하기 시작했다. 아이의 기저귀는 천 기저귀로 대체할 용기가 안 나서 고민하다가 나의 생리용품을 월경컵으로 대체했다. 월경컵은 처음 한 달은 적응하기 힘들었는데 2년째 잘 사용하고 있는 친환경 용품 중 하나다.

이렇게 한 달간 우리 집 쓰레기를 확인하는 것만으로도 내게는 많은 변화가 있었다. 어떤 실천을 해볼지 생각하는 것이 하루를 설레게 하는 이유가 되기도 했다. 이 좋은 변화는 다음 한 달, 또 그다음 한 달의 실천을 이끌었다.

친환경 제품 만들기

만드는 것에 겁을 내거나 매우 귀찮아하는 사람이 있다. 나는 후자에 가깝다. 공들여 만드는 수고로움을 계산해봤을 때 구입하는 게 더 나은 경우도 많기 때문이다. 그런 내가 처음 만들어본 것은 사람과 환경에 무해하고 재사용이 가능한 친환경랩이다. 내가 도전한 이유는 녹이고 묻히고 말리면 끝나는 비교적 쉬운 과정 때문이다. 기술이나 정교함이 필요하지 않고, 마음과 시간만 있으면 가능하다.

다음으로 만들어본 건 설거지용 커피 비누다. 비누 만들기에 관심은 있었지만 도구와 재료를 갖춰야 한다는 생각으로 시작을 한참이나 망설였다. 그런데 우연히 지인에게 천연 비누 만들기 키트를 선물받으며 고체 비누와 인연이 시작됐다. 별다른 준비물 없이 종이컵 하나로 만들 수 있었다. 물론 도구를 갖춰 훌륭한 숙성 CP 비누를 만드는 게 좋을 수도 있지만, 나는 간단한 MP 비누만으로도 2년 넘게 만족하며 설거지 비누로 사용하고 있다. 그리고 가벼운 시작은, 부담과 어려움이라는 장벽을 뛰어넘을 수 있는 가장 강력한 무기가 아닐까.

친환경 제품 만들기

친환경랩

친환경랩은 집에 있는 남는 천에 녹인 허니왁스를 바르고 굳혀 만든다. 허니왁스는 벌의 밀랍, 나무의 송진, 코코넛오일을 넣어 만든 것이다. 밀랍과 송진에는 항균성이 있어 식중독균을 억제하고, 공기와 습기로부터 식품을 보호하여 신선함을 유지시킨다. 왁스를 녹이고 굳혀서 만든 것이니 열만 조심한다면 사용하면서 특별히 주의해야 할 것도 없다.

크기를 다양하게 만들면 그만큼 쓰임도 다양해진다. 나는 과일, 채소, 빵 같은 식재료 보관부터 음식 용기 덮개까지 2년 넘게 잘 사용하고 있다. 랩보다 접착력이 떨어지기는 하나 요령이 생기니 별문제가 되지 않았다.

친환경랩을 사용하니 주방엔 랩과 지퍼백이 사라졌다. 지퍼백은 유리 용기,

스테인리스 용기, 실리콘백으로 차츰 대체했다. 마지막에는 식재료 지퍼백을 재활용하는 것으로 우리 집은 일회용 지퍼백과도 작별할 수 있었다.

MP 설거지 비누

고체 비누는 플라스틱 사용으로 인한 미세 플라스틱과 잔류 세제의 걱정이 없다. 나는 MP 설거지 비누를 쉽게 만들기 시작하면서 고체 비누와 친해질 수 있었다. 스테인리스 용기에 고체 비누 베이스(합성 계면활성제가 들어가지 않은 것) 500g을 녹이고 커피 찌꺼기 가루 1T, 커피 원액 3T, 올리브오일 1T를 넣고 천천히 저은 뒤 비누 틀에 넣고 40분간 굳히면 된다. 나는 처음에 비누틀이 아닌 우유갑에 넣고 굳혀 만들었다.

설거지 비누에 커피 찌꺼기를 사용하는 건 커피 찌꺼기는 추출 후에도 99퍼센트의 양분이 남아있기 때문이다. 버리기 전에 훌륭한 자원을 한 번 더 활용하는 셈이다. 커피의 양분에는 기름기를 녹이는 지방 성분과 악취 분자를 흡수하는 셀룰로스 성분이 있어 설거지 비누로써 역할을 하기에 충분하다. 비누 효능을 조금 더 높이기 위해 에센셜 오일(향과 효능), 베이킹소다(세정력), 옥수수전분(기름기 흡착)을 넣기도 하는데 나는 기본으로도 충분했다.

소프넛 천연 세제

소프넛은 무환자나무의 열매다. 물과 만나 녹아 나오는 껍질 속 사포닌은 정화작용을 하는 천연 계면활성제이다. 사람 피부와 비슷한 약산성 성질로 피부 자극이 없고 인체에 해롭지 않아 청소, 설거지, 과일 세척, 세탁, 목욕 등 다용도로 사용한다.

소프넛은 물에 우려내어 액체로 사용하거나 면주머니에 넣어 열매 그대로 사용하는 방법이 있다. 나는 세탁 시 열매 그대로 사용하는 걸 선호한다. 면주머니에 소프넛(10~15알)을 넣고 끈을 단단히 묶은 후 세탁물과 함께 세탁기에 넣는다. 섬유 유연 효과도 있어 세탁 완료 시 의류와 함께 꺼내면 된다. 한 번 사용한 소프넛은 건조하여 4~5번까지 사용 가능하다.

소프넛을 액상으로 우려내 사용하려면, 망에 소프트넛(15알 정도)과 물 1ℓ를 함께 넣고 센 불에 끓인다. 물이 끓기 시작하면 약한 불에서 20분 더 끓인 후 불을 끈다. 소프넛 액상이 식으면 열매를 꺼내어 건조하고, 액상은 소독한 병에 담아 냉장고에 넣어두고 사용한다.

내가 사용하는 세제

기본 천연 세제

알칼리성 세제

집안의 다양한 때나 악취 등 산성때는 알칼리성 물질로 제거한다. 알칼리성 세제에는 베이킹소다(약 pH 8.2), 과탄산소다(약 pH 10.5), 탄산소다(약 pH 11)가 있는데 pH(산도)가 높을수록 세정력이 좋다(pH 1차이 = 세정력 10배 차이). 세정 역할을 하려면 산도가 pH 9 이상이 되어야하는데, 베이킹소다는 산도가 낮기 때문에 청소용보다 탈취나 연마(문질러 닦아냄) 목적으로 사용해야 적합하다. 탄산소다는 찬물에 잘 녹고, 과탄산소다는 살균·표백 효과가 있는데 특징에 따라 세정 용도를 선택하여 사용한다. 알칼리성 세제는 알루미늄 물건에 사용 시 검게 변색되므로 사용하지 않거나 단시간(10분 내외) 사용한다. 강알칼리성 물질 사용 시엔 장갑 착용과 환기가 필수다.

산성 세제

구연산(무색, 무취)과 식초가 대표적인 산성 세제다. 산성 물질은 미네랄 성분을 녹이는 특징으로 전기포트, 식기세척기, 주방, 욕실 등의 물때를 제거할 수 있다. 또한 알칼리성 물질을 중화하기 때문에 세균 번식으로 암모니아가 생긴 알칼리성 때인 화장실 및 배수구 냄새, 변기 얼룩 등을 제거할 수

있다. 비누 세탁, 비누 샴푸 후 알칼리화 된 상태도 중화하여 부드럽게 만든
다(린스 역할). 사용 후에는 물로 잘 헹구거나 물걸레질로 마무리하며 대리
석에는 사용하지 않는다.

계면활성제

물과 기름이 섞이도록 하여 세정 작용과 유수분 밸런스 조절 기능을 한다.
너무 더러운 곳의 세정은 천연 세제만으로 어렵다. 이럴 때는 천연 순비누
나 알칼리성 계면활성제 역할을 하는 세제와 함께 사용하여 세정력을 높인
다. 알칼리성(산도)과 계면활성제(유화작용)는 서로 다르게 세정작용을 일으
키기 때문. 계면활성제 중에서도 피부 자극이 적고 생분해가 가능한 대표적
인 천연 유래 계면활성제 몇 개를 알아두면 활용하기에도 좋고, 환경친화적
기업에서 만드는 제품을 구입하는 기준(성분)이 생겨 좋다. 포타슘코코에이
트(순비누), 데실글루코사이드, 라우릴글루코사이드 등이 있다.

세제 활용법

기본 천연세제를 사용하되 찌든 때에는 순비누나 천연유래 계면활성제를
소량 추가한다. 더 자세한 레시피는 '바이쯔만 연구소'나 '킹타이거의 실험
실'을 참고한다.

- 나의 경우 계면활성제는 데실글루코사이드 원액을 사용한다(이하 데실).
- 식기세척기와 세탁 세제는 오염도, 제품 성능, 물 성분 등에 따라 각 가정에 맞
  게 용량을 가감하여 사용한다.
- 한 번 활용한 깨끗한 세제물(행주 살균한 물, 전기포트 세척한 물 등)은 버리기 전
  청소에 한 번 더 재사용한다.
- 1T=15g, 1t=5g

식기세척기 세제(12인용)

탄산소다와 천일염은 1:1의 비율로 10g 정도 넣는다. 린스는 5퍼센트 구연산수(또는 식초). 시판 친환경 식기세척기 세제 5개 브랜드의 주요성분과 활용되고 있는 세제 레시피 4가지를 테스트해보고 우리 가정에 맞는 간단한 방법을 택한 것.

세탁 세제 (15kg 세탁기, 4인 가족)

일반 세탁 : 탄산소다(1~2T) + 데실(10~15g)

흰 빨래 : 과탄산소다(1~2T) + 데실(10~15g)

때가 적은 세탁물 : 소프넛 열매로 세탁

중성 세제 : 데실(pH 12 전후)에 구연산을 넣어 산도를 중성으로 맞추어 사용

모든 청소 세제 (레인지후드 등 기름때에도 탁월)

물(1ℓ) + (과)탄산소다(2~5g) + (찌든때 : 데실 원액 조금 추가. 1g 미만)

화장실 간단 청소

5퍼센트 구연산수(물 200ml + 구연산 10g) 또는 물로 2배 희석한 백식초

살균 소독, 다목적 먼지, 기름때 제거

소독용 에탄올 70~80퍼센트 (+ 에센셜 오일 3~4방울)

살균 작용이 있는 에센셜 오일 : 레몬, 티트리, 라벤더, 유칼립투스 등

정균 소독

생활 먼지 : 2퍼센트 구연산수(물 200ml + 구연산 4g)

청소 : 5퍼센트 구연산수

미네랄 물때 세척

전기 포트에 물을 가득 채워 구연산(2~5g)을 넣고 끓인다. 식기세척기는 그 릇이 없는 상태에서 구연산(1~2g)을 넣고 작동시킨다.

채소와 과일 세척

담금물 세척이 잔류 농약 제거에 가장 효과적이다(식약처). 채소와 과일은 물에 1~2분, 잔털이 많은 깻잎 상추 등은 5분 담가둔 후 새 물을 받아 흔들어 씻어내기를 2~3번 반복한다. 마지막으로 흐르는 물에 헹궈 마무리한다.

설거지 전 기름기 제거

기름기가 많은 경우 아래 방법 중 하나로 기름기를 제거한 후 설거지하면 수 세미를 청결하게 사용할 수 있고 키친타월과 헹굼물을 절약할 수 있다. 입 구가 좁은 기름병은 탄산소다를 활용한 방법으로 흔들어 세척하면 10초 만 에 기름기가 제거된다.

- 말린 원두찌꺼기나 유통기한이 지난 밀가루로 닦기
- 감귤류 껍질로 닦거나 감귤류 껍질 끓인 물 부어두기
- 쌀뜨물 부어두기
- 물에 탄산소다를 소량(1~2g) 넣어 녹은 물 부어두기

냄새 탈취

빈 용기에 베이킹소다 혹은 말린 원두찌꺼기를 넣고 냄새가 나는 곳에 둔 다. 탈취 효과는 약 2개월 정도. 탈취 효과가 사라지면 다른 용도로 활용 후 버린다.

아침부터 저녁까지,
제로웨이스트 일상

머릿속으로 하루 친환경 루틴을 그려보는 것도 즐거운 일. 대단치 않은 일이어도 나의 생활에 들어와 있을 때 친환경 실천을 오래 지속할 수 있고 관심을 놓지 않으리라 생각한다.

#기상

아침에 일어나 대나무 칫솔로 이를 닦고 비누로 세수를 한다. 올인원 로션과 선크림으로 간단하게 화장품을 바른다. 클렌징이 필요한 경우에는 올리브오일을 사용한다.

#아침 청소

닳은 칫솔로 세면대를 간단히 청소한다. 침구의 머리카락은 반영구 돌돌이를 사용하거나 분리수거 시 떼어둔 라벨 스티커를 재활용한다. 밀대에 옷감을 끼워 현관과 세탁실 바닥 먼지를 쓸어낸다. 이렇게 하면 밀대에 청소포를 사용하지 않아도 된다.

#오컨 티타임

쓰레기가 생기지 않는 스테인리스 필터나 삼베 커피 필터를 사용하여 커피를 내려 마신다. 카페라떼가 먹고 싶은 날엔 모카포트로 에스프레소를 추출해 만들어 마신다. 차도 티백이 아닌 찻잎을 구입하여 우려 마신다.

샤워와 욕실 청소

운동 후 비누와 삼베 타월로 몸을 씻고 샴푸바로 머리를 감는다. 샤워 후 습기로 욕실 때가 불었을 때 세면대에 천연세제(물 1ℓ, 탄산소다 1t)를 풀어 욕실을 간단히 청소한다. 찌든 때에는 순하고 물에서 자연분해가 가능한 데실글루코사이드 원액을 조금 넣는다.

아이 마중, 장보기

아이 하원 시간에 맞춰 놀이터에서 놀 준비(텀블러와 손수건)와 장 볼 준비(장바구니와 면주머니)를 하고 나간다. 물티슈는 되도록 사용하지 않는다.

식사준비

허니 랩, 재활용 지퍼백, 유리 반찬통, 스텐 통, 실리콘백, 종이 포장재 등 냉장고와 식재료에 맞는 친환경 용품에 보관한다. 음식물 쓰레기를 남기지 않도록 먹을 만큼만 요리를 하고 음식물 쓰레기는 미생물 음식물 쓰레기 처리기에 넣어 퇴비화한다.

설거지

기름기는 말린 원두 찌꺼기나 과일 껍질(특히 귤껍질)로 닦아내어 키친타월과 헹굼 물 사용을 줄인다. 설거지 비누로 설거지하거나 천연세제를 사용해 식기세척기를 돌린다. 생분해가 되는 천연 고무장갑을 사용한다.

뒷정리

재활용품은 분리배출하고 우유갑은 씻어서 펼쳐 말려놓는다. 주민센터에 가면 우유갑 1킬로당 휴지 1개와 쓰레기봉투 1개를 지급받을 수 있다(지역마다 차이 있음). 천연 수세미와 삼베 행주는 소금물에 삶고 행구어 말린다. 일반 행주는 미온수에 과탄산소다를 넣어 담가둔 후 다음날 깨끗이 헹군다. 과탄산소다는 찬물에 녹지 않아 오래 담가두는 방법을 사용한다. 청소솔은 탄산소다1t를 넣은 물에 10분간 담가둔 후 여러 번 헹군다.

제로웨이스트
선물 키트 만들기

누군가에게 제로웨이스트의 시작이 기분 좋고 즐거운 일이었으면 하는 마음에 제로웨이스트 선물 키트를 준비했다. 첫 번째 주인공은 친정 엄마. 엄마는 오래전부터 엄마만의 방식으로 쓰레기를 줄이는 생활을 해오셨다. 난 그런 엄마를 닮았고. 엄마에게 생소한 몇 가지 물건이 엄마의 친환경 생활을 설레게 하기를, 꾸준히 지속하는데 도움이 되기를 바란다.

이렇게 선물을 준비할 수 있지만 상자 안에 담을 수 없는 건 제로웨이스트를 향하는 마음. 느림, 기다림, 번거로움, 실망하지 않는 마음, 쉽지만은 않은 과정. 제로웨이스트 여정은 그렇다. 그러나 제로웨이스트는 이 정도의 노력을 기울일 가치가 충분하다.

#면주머니와 네트백

비닐 줄이기의 첫걸음은 비닐을 사용하지 않는 것. 면주머니는 만들어서, 네트백은 구입하여 준비했다.

#천연 수세미

자연에서 나와 자연으로 돌아가는 천연 수세미. 설거지하기 좋게 큼직하게 잘 랐다.

#삼베 행주와 손걸레

삼베는 재배 시 농약 살포가 없어 수질 오염을 일으키지 않는 착한 섬유다. 항균, 항독, 방충 효과가 있고 건조가 빨라 다용도로 사용하기 좋다. 2~3회 맹물(혹은 소금물)에 삶아 길들인 후 사용해야 흡수력이 좋다. 한 겹, 두 겹짜리 다용도 행주를 만들었다.

#소창 행주

흡수력 좋고 먼지 날림이 없어 주방에서 쓰기 좋은 천연 섬유. 사용할수록 견고해지고 사용성이 좋아진다. 과탄산소다를 넣은 물(물1ℓ에 1큰술)에 20~30분간 삶고 세탁하기를 3회 반복한다. 이렇게 원단의 풀기를 빼고 길들인 후 사용해야 흡수력이 좋다.

#친환경랩

사용하지 않는 쿠션 천을 활용해 친환경랩을 만들었다. 발암 물질 소재인 일반 PVC랩은 하루빨리 사용을 줄여야 좋다.

#친환경 설거지 비누

주방 세제로 소프넛을 사용하기에 번거로우실 것 같아서 거품이 잘 나는 커피 설거지 비누를 만들었다.

자주 묻는 질문

Q. 미니멀 라이프가 가족에게 어떤 도움이 되나요.

과거에도 가족들이 불편함을 느끼지 않을 정도의 정리정돈은
하며 지냈어요. 그런데 보이지 않는 부분을 청소하고 불필요한
물건을 정리하며 이제야 진짜 청소하는 기분이 들었어요. 겉모
습이 아닌 내면을 더 단장하는 느낌. 그러면 제 마음이 좋아지
고 가족들에게도 편안함이 전달되는 것 같아요.

Q. 아이가 있는데 어떻게 집안을 깨끗이 유지하나요.

항상 깨끗하지는 않아요. 아이 방은 일주일에 한두 번만 함께
정리하고, 평소에 아이들이 자유롭게 놀고 정리하도록 해요. 대
신 가족 공용 공간인 거실은 잠들기 전에 아이들과 반드시 같이
정리해요. 자기 전 주방 마감도 종종 못해요. 늦게 자는 아이들

과 눈을 한 번 더 맞추기로 다짐한 후로 그렇습니다. 집을 단정히 하는 것, 가사를 돌보고, 내 일을 하고, 어린 두 아이를 키우는 것, 바쁜 남편과 시간을 보내는 것, 어느 하나 소홀할 수는 없지만 순간순간 제일 중요한 게 무엇인지 생각해요. 미니멀 라이프가 이런 상황에서 균형을 지키는 것에 도움이 된다는 걸 알지만, 이것도 알고 있어요. 미니멀 라이프는 평생 생활습관으로 함께할 수 있지만 아이들과 지내는 이 순간은 길지 않다는 것을.

Q. 부지런한 비결이 궁금해요.

저는 부지런하다고 생각하지 않아요. 저는 잘 꾸물거리고 잘 미루기도 해요. 다만, 부지런한 삶을 바라기에 해야 할 일, 하고 싶은 일, 중요한 일을 생각하고 적고 실천하려고 해요. 좀 게으르기에 자주 멈칫해요. 그래도 다시 시작하면 돼요. 멈추지만 않으면 어제보다 나은 오늘인 거죠.

Q. 전업주부로서 일상이 버거울 때 어떻게 극복하나요.

집안일이라는 게 끝이 없고 부단히 움직여서 원상복구 시키는 느낌이잖아요. 저처럼 살림에 취미가 없었던 사람은 더욱 그렇고요. 애쓰며 지냈던 날들에서 깨달은 건 가장 기본이 무엇인지 깨닫고 그것을 잘 유지하는 거였어요. 기본적인 것들이 흐트러지면 중요한 걸 이루더라도 마음이 편치 않았습니다. 저에게 기본적인 것은 제가 매일 하는 작은 습관과 아이들을 위해 꼭 해야 하는 몇 가지 일들이었어요. 버거운 바쁜 날들 속에서 하루에 하나씩 작은 비움을 실천하는 것도 도움이 됐고요.

Q. 집안일과 육아 스트레스 푸는 법이 있나요.

산책을 하면서 스트레스의 원인이 무엇인지 생각해요. 원인을 알게 되는 것만으로도 마음이 좀 나아져요. 걷다 보면 생각의 방향이 긍정적으로 흘러가서 점점 마음이 좋아져요. 산책할 기분이 아니라면, 잠을 충분히 자고 텔레비전을 봐요. 이후 운동을 하고 샤워를 하면 기분이 한결 나아져요. 몸과 마음 상태에 변화를 주는 것이 스트레스 해소에 도움이 되는 것 같아요. 스트레스 해소의 마무리는 남편과의 대화예요. 제 편에서 얘기해 주니 조금 남은 스트레스마저 사라져요. 여보, 마음에 걸리는 일이 세 가지가 있는데 하나는… 마지막은 말이야….

Q. 전업맘이 되기 전과 후의 자기계발은 어떻게 달라졌나요.

예전에도 계획 세우기를 좋아했는데, 얼마나 실천하며 살았나 싶어요. 그런데 육아를 하며 온전한 내 시간이 없어지니 나만의 시간, 나의 일상, 나를 지키고 싶은 마음이 무엇인지 알게 됐어요. 이 간절함은 선택과 집중하기에 좋은 재료가 되었어요. 어린 아이가 있어 자기계발의 폭을 넓히지 못하지만 나답게, 내가 원하는 대로 자기계발을 할 수 있었어요. 시간의 부재로 간절함이 준 보상이랄까요. 자기계발에 다가가는 태도가 달라진 거죠.

Q. 아이가 둘 이상인데 내 시간을 갖기 위해 무엇부터 했나요.

아이가 둘 이상이면 쉽지 않지요. 저는 물건 비우기부터 시작했습니다. 불필요한 물건에 허비했던 시간을 모으다 보면 내 시간도 생기리라 믿습니다. 물건의 비움을 통해 나다움을 알아가고, 내가 하고 싶었던 것들을 하나씩 챙기며 시간을 관리하게 됐어요. 일단 분주함이 적어져야 하는 것 같아요. 비움 이후 완벽히 말끔해진 집을 만났다기보다 하나하나의 과정에서 얻는 것들이 많았어요.

나답게
성장합니다

종종 이런 생각을 한다. 나 자신이 커피 같다는 생각. 평범한 미색 찻잔에 담긴 누구나 마실법한 블랙커피 같다는 생각. 보기에는 별것 없으나 커피 향이 좋았으면, 맛이 기억에 남는 그런 커피면 좋겠다. 화려함이라곤 없지만 커피의 깊은 풍미만큼 품고 있는 이야기가 많으니까. 그런 이야기를 많이 나누고 싶어서 영상을 담고 글을 짓는다.

유튜브 채널을 운영하다 보니 SNS 같은 소통 플랫폼은 내 성향 이상의 능력이 필요했다. 구독자와의 소통을 이끌어나가는 게 내게는 쉽지가 않다. 말주변이 없을뿐더러 시선을 끌 만한 재목도 못 된다. 그러한들 어쩌겠나. 나로서 가능한 것들을 찾아봐야지.

'나의 일을 잘 꾸려나갈 수 있을까.
나답게 성장하는 것은 무얼까.'

어김없이 다이어리를 펼쳐 끼적여본다. 말주변이 없다면 행동으로 전하고, 유머가 없다면 진심을 말하자. 보여줄 게 없지만 메시지는 전할 수 있지 않을까. 노하우가 없다면 성장하는 과정은 담을 수 있잖아. 그래서 나는 유튜브 영상에 배워나가는 과정을, 부족함을 채워나가는 모습을, 어두웠던 날들을 털어내는 여정을 진심으로 담으려 했다. 이 작업을 지속할 수 있었던 건 내가 그 안에서 성장하고 있다는 믿음 때문이다.

재능이 있어 시작한 일이 아니기에 부족함에 대한 회의감이 예고 없이 찾아온다. 나의 부족함을 채우기 위해서 어떤 시도를 해볼지 부단히도 생각한다. 작은 실천일지라도, 좋은 결과가 나오지 않는다 해도, 실망하지 않기를 다짐하면서. 나다운 방식으로, 내 안을 채우는 방향으로 나아가길 약속하면서. 확실한 건 무언가 시도하면 이전보다 나았다. 항상 그랬다.

영상 속 글을 쓰는 일도 그러하다. 글을 써왔던 것도, 잘 쓰는 사람도 아니기에 두세 배의 시간을 들이고 정성을 쏟으며 내가 느끼는 부족함을 채운다. 평범한 말이지만 편안하게 느껴지길 바라며. 어떤 날은 이틀을 두고도 짧은 10분 영상의 글이 쉬이 써지지 않을 때가 있다. 나의 부족함을 마주하는 순간이면서 동시에 좋아하는 일에 진심을 쏟는다는 게 이런 거구나 싶기도 한 순간. 고통도 행복도 함께 하는 귀한 순간들은 여러 곳에서 출간 제의를 받는 것으로 내게 답을 주었다. 내 삶에 정성을 들인다는 건 이런 것 아닐까. 어느 하나 의미 없지 않고 어떤 방식으로든 내게 돌아온다는 것. 부족함도 서투름도 물론 내가 잘하는 순간들 모두.

한 권의 책을 써내려 간다는 건, 영상 속 글을 짓는 일보다 훨씬 어려운 일이었다. 그럼에도 내가 2년 넘게 원고를 붙들고 있었던 이유는, 글을 쓰고 마음을 전하는 곳 어딘가에 내가 잘할 수 있는, 세상에 돌려줄 좋은 의미가 있을 것 같은 믿음 때문이다. 이것이 또 하나의 나를 발견하는 과정이기를 바란다. 더듬거리더라도 나를 발견하는 여정 속에서 나의 길은 만들어지니까.

나를 발견해야 나다운 하루, 나다운 삶이 가능함을 느낀다. 나를 잘 발견해야 어쩌면 외로울 수 있는 나다운 길에 흔들림이 적을 것이다. 어떤 이와의 비교에도 누군가의 모진 가르침에도. 나다운 걸 알고 나아가는 사람은 크게 동요하지 않으리. 마흔이 가까워 와도 여전히 단단하길 바라는 작은 마음을 가지고 나를 발견하기 위해 오늘도 작은 시도를 해본다.

나는 모두가 노력해봤으면 좋겠다. 작은 도전을 통해 자신을 더 많이 발견했으면 좋겠다. 그러면 어제보다 오늘이 더 희망적이지 않을까. 그래야 하루하루가 쌓여 한 달이, 1년이, 평생이 되는 이날들이 더욱 의미 있지 않을까.

다이어리의 가장 앞장으로 돌아가 년 초에 적어둔 되고 싶고 하고 싶은 나의 꿈 리스트를 바라본다. 다행히도 내가 지향하는 중심은 흔들림 없이 그대로다. 오히려 계획에 실천이 더해져 살이 붙고 뿌리를 내렸다. 부족함도 많았지만 노력한 시간들이 차곡차곡 채워진 거겠지. 마치 겹겹이 채색하여 그림에 깊이를 더하는 유화 같다는 생각을 한다. 내 그림처럼, 내 삶의 시간이 더딘 것도 어쩜 그리 똑같은지. 완성된 그림에는 햇살의 따스함도 진한 커피 향도 느껴지길 바란다. 느려도 나다운 색으로 꾸준히 채색되길 바란다.

2021년 12월,
나의 일터 나의 집에서

마음이
단단해지는
살림

펴낸날 초판 1쇄 2021년 12월 20일 ┃ 초판 2쇄 2022년 7월 25일

지은이 강효진

펴낸이 임호준
출판 팀장 정영주
책임 편집 이상미 ┃ **편집** 김은정 김유진
디자인 유채민 ┃ **마케팅** 길보민 이지은
경영지원 나은혜 박석호 황혜원

인쇄 상식문화

펴낸곳 비타북스 ┃ **발행처** (주)헬스조선 ┃ **출판등록** 제2-4324호 2006년 1월 12일
주소 서울특별시 중구 세종대로 21길 30 ┃ **전화** (02) 724-7637 ┃ **팩스** (02) 722-9339
포스트 post.naver.com/vita_books ┃ **블로그** blog.naver.com/vita_books ┃ **인스타그램** @vitabooks_official

ISBN 979-11-5846-369-4 13590

비타북스는 독자 여러분의 책에 대한 아이디어와 원고 투고를 기다리고 있습니다.
책 출간을 원하시는 분은 이메일 vbook@chosun.com으로 간단한 개요와 취지, 연락처 등을 보내주세요.

비타북스 는 건강한 몸과 아름다운 삶을 생각하는 (주)헬스조선의 출판 브랜드입니다.